悦读时光

未来的你，会感谢现在勇敢的自己

杨玉萍 编著

南京出版传媒集团
南京出版社

图书在版编目（CIP）数据

未来的你，会感谢现在勇敢的自己/杨玉萍编著
.—南京：南京出版社，2016.5
（悦读时光）
ISBN 978-7-5533-1281-1

Ⅰ.①未… Ⅱ.①杨… Ⅲ.①人生哲学-通俗读物
Ⅳ.①B821-49

中国版本图书馆CIP数据核字（2016）第066252号

书　　名：未来的你，会感谢现在勇敢的自己
作　　者：杨玉萍
出版发行：南京出版传媒集团 南京出版社
社　　址：南京市太平门街53号　**邮　　编**：210016
网　　址：http://www.njcbs.cn　**电子信箱**：njcbs1988@163.com
淘宝网店：http://njpress.taobao.com **天猫网店**：http://njcbcmjtts.tmall.com
联系电话：025-83283893、83283864（营销）025-83112257（编务）

出 版 人：朱同芳
出 品 人：卢海鸣
责任编辑：谢　微
责任印制：杨福彬

印　　刷：北京佳诚信缘彩印有限公司
开　　本：787毫米×1092毫米　1/32
印　　张：8
字　　数：160千字
版　　次：2016年5月第1版
印　　次：2017年4月第2次印刷
书　　号：ISBN 978-7-5533-1281-1
定　　价：18.00元

营销分类：励志

前言 Foreword

曾经梦想着仗剑走天涯，想看一看世界的纷扰与繁华，年少的时候难免有些孤傲和轻狂，如今的你是否却在四海为家。曾经让你心疼的姑娘，如今是否已经悄无踪影，或者成为别人的新娘，爱情里面似乎充满了浓情蜜意，却又必不可少地伴随着烦恼和忧伤。

就像许巍《曾经的你》中描述的一样，曾经的我们是那么洒脱、激情、孤傲、轻狂甚至愤怒，但当你经历了人生的迷茫、挫折、伤痛甚至遍体鳞伤再回头看的时候，你不会觉得当初的你是那么幼稚无知，你不会嘲笑当时的你是那么冲动和一根筋，你也不会为自己在当时做了无数不应该做的事而懊恼和悔恨，因为那是当时状态下你应该具有的心态和情绪，是一个真实的你，一个有血有肉又勇敢无畏的你。

所以，在对的时间、对的场合、对的年龄做自己想做的事情，不在乎世俗的眼光，不在乎亲朋好友的“谆谆教导、苦口婆心”，不为错误的选择和一时意气用事所迟疑和后悔，目光坚定，勇敢沉着，这是一件十分值得肯定的事情。因为在不久的未来，你会由衷地、发自肺腑地感谢当时那个年轻而勇敢的自己，做了如今都不敢做甚至不敢想的事情，然后享受着曾经勇敢的你为现在带来的惊喜、幸运和恩惠。

为了感恩未来的自己，现在就勇敢而坚毅地走下去吧！

目录

Contents

Part01

Part 01

放心，生活永远都不会抛弃你

生活不如意事十之八九，没有谁的人生一帆风顺。当你处处碰壁、事事不顺、心烦厌世的时候，当你感到生活要彻底抛弃你的时候，静下心来思考一下，其实这时正是生活逼迫你蜕变，实现自我质变的时候。

01

大胆去做你想做的事情

人生有很多种活法，却只有一种活法能够使你快乐，那就是过你想过的生活，做你想做的事情，看你想看的世界，成为你想要成为的那个人。为自己而活，生活才会多彩，生命之花才会怒放。

在人生这条大船上，我们是舵手，掌握着自己的航向。我们谨慎、敏感、专注、努力，希望做到未雨绸缪、见微知著，以顺利抵达彼岸。

可是，无情的海浪总会在某些特殊时刻袭来，让人难以从容。慌乱之中，有人违心地改变航向，因为这样，厚厚的人生字典里才多了“委曲求全”“退而求其次”的说法。

这并不是我们的初衷，我们会有遗憾、会有抱怨，可是事实已成，很难改变。

你是否“背叛”过自己？你是否常说：“做自己想做的事情，真难！”可是，你试过究竟有多难吗？不必那么谨慎敏感，那么小心翼翼，想要不留遗憾地生活，就必须聆听自己内心的声音，去做自己想做的事情，这是一种人生态度：不为别人，我只为自己而活。

从前，有一个性格暴躁的人，他不仅冷酷，而且嗜酒如命，与此同时，他还是一个毒瘾很深的瘾君子。因为恶习难改，他时常与人发生冲突。

一天，他来到一个酒吧，不过是只言片语的不合，他便恼羞成怒，用酒瓶杀死了服务生，结果因为故意杀人罪，被判处终身监禁。

他有两个儿子，年纪只相差一岁，大儿子步了爸爸的后尘，不仅沾染毒品，还偷窃和勒索。

对这一切，大儿子竟然很淡定。他觉得，爸爸是这样的人，我有什么办法？他不供我读书，还让我被人耻笑，既然这样，我干吗不就这样继续下去？

终于，有一天，大儿子同样因为犯了杀人罪而入狱。

二儿子则不同。从小时候起，他就时刻提醒自己，要做和爸爸不一样的人，要做一个正直的人。

他严格要求自己，不吸烟喝酒，更不沾染毒品。他从来不自卑，而且倍加努力地学习。他勤工俭学，以此来积攒大学学费。

大学毕业之后，经过不懈的努力，二儿子成了一家著名公司的分公司经理，与此同时，他也获得了美满的婚姻和可爱的孩子。

两个在同一屋檐下长大的孩子，为什么会有这样截然不同的命运？在一次采访中，小儿子这样对记者说："我要做自己想做的事情，我想为自己而活。"

"为自己而活"，虽然环境对人有着巨大的影响，可是只要有这样的信念，无论外在环境多么不利，都无法改变这个人的奋发向上。

有一位年轻人没有什么手艺，靠到处给人打零工挣钱。换过许多工作之后，他发现自己很喜欢做园艺师，于是他就开始专门给有钱人家打理庭院。

园艺师的工作让他充满了创作的灵感，他总是非常用心地把主人家的庭院打理得既干净又美丽，而他也总能从工作中找到许多乐趣。

有一次，他正在用心地给一家庄园主打理庭院。太阳很大，他已经累得汗流浃背，但是他好像一点都不在意，依然全神贯注地工作。

庭院整体已经打理得很漂亮。此刻，他正聚精会神地在那些普通的木制花盆边上雕刻花纹。

"小伙子，你已经把庭院打理得很漂亮了，为什么还要在每个花盆边上雕刻花纹呢？这样做并不能使你多拿一分工钱啊！"庄园主问道。

年轻人抬起头看了看庄园主，随手擦了擦脸上的汗水，说："我只是觉得雕刻上花纹之后的花盆会更加好看，庭院也会显得更加美丽。做这些事让我觉得很快乐，至于是否能够多拿一些工钱，我还没有考虑。”

年轻人能够为自己喜欢的事情投入全部精力的精神打动了庄园主，他决定帮助这位年轻人去学习他喜爱的雕刻。

果然，几年之后，这位年轻人就成了一名出色的雕刻家。

他就是意大利文艺复兴时期最著名的雕刻家、建筑家、画家——米开朗琪罗。

生活中，我们无法做自己想做的事情，多半是因为客观环境的限制，所以内心才会动摇，最后外在因素左右了人的意志，直接导致人们改变了初衷。

那么，生活中，我们应该怎样帮助自己听清内心的声音，做自己想做的事情呢?

首先，要停止无谓的比较，对自己有一个正确的认识；其次，要表现出自己最好的一面；最后，做自己想做的事情，记得给自己一点安静思考的时间。

很多时候，人们做出后悔的决定，并不是因为无能为力，而是因为没有给自己留下足够的时间进行思考。所以，在做事情之前，请静下心来，好好想一想自己该朝什么方向努力。

去湖边走走，去森林走走，哪怕只是安静地坐一坐，也有助于你听清自己内心的声音，坚定地去做想做的事情。

你要是认真，你就输了

对一切都不要太在意。人生在世，不如意事十之八九，只要内心充满阳光，快乐就会无处不在。多放下一些烦恼，就会多一些幸福；多放下一些困惑，就会多一些轻松；多放下一些在意，就会多一些从容。

老人们在巷子里纳凉时，展开的折扇上时常会有这样一句话：人生不如意事十之八九，唯有快乐在心头。

他们似乎都知道想要活得轻松快乐，就要对一切都不太在意。只要对一切都不那么在意，生活其实是很美好的。

一天，小琳很意外地接到小艾的电话，小艾邀请小琳周末去她家小聚。

小艾是小琳从前在报社工作时的同事，那时候她们的关系很好。后来，小艾嫁给了一位富有的商人，生活一下子发生了翻天覆地的变化。

小艾辞去了工作，做起了悠然自得的全职太太，而小琳依旧朝九晚五地上着班，回到家还要照顾老人和孩子，生活根本没法跟小艾比。

渐渐地，小琳和小艾的关系疏远了。这次小艾打来电话邀请小琳，小琳有点意外，不过小琳几经思考，还是接受了小艾的邀请。

见面后，小琳和小艾各自讲起了婚后的生活。

小琳由衷地对小艾说："我非常羡慕你的生活，你是我认识的人中生活得最好的一个。"

谁知，小艾听后盯着小琳看了很久，最后竟然感慨地说："我有什么好羡慕的？老公一天到晚在外面忙生意，见一面都难，并且我们到现在连孩子也没有。哪像你，每天有老公疼，有孩子陪，我还羡慕你呢。"

小琳不敢想象这样的话竟出自看起来什么都不缺的小艾之口，她竟然羡慕自己的生活，还劝自己不要太看重物质生活，要珍惜和家人在一起的每一天。

想到自己经常抱怨老公不会赚钱、孩子不够听话，自己的生活和小艾比起来是那么平淡，小琳惭愧极了。

其实，如果对一切都不那么在意，生活的乐趣自然就会凸显出来，阳光也自然会照射进来。

对一切都不要太在意，挑剔会让人变得尖酸刻薄，生活也会充满阴霾。而宽容善良的人，因为眼睛明亮，总会看到比别人更美丽的风景，享受到比别人更幸福快乐的生活。

在意大利庞贝古城里有一个自幼就双目失明的小女孩倪娣

雅，她从来没有因为自己从未见过光明而难过、抱怨，也没有在意双目失明为自己的生活带来的不便，而是选择卖花来养活自己。

倪娣雅每天都挎着花篮行走在庞贝古城的街道上，她熟悉每一个地方独特的声音，知道每一条街一共有多少步，清楚每一个拐角有怎样的弧度。虽然她为了弄清楚这些吃过很多苦，摔过很多跟头，但是她从未在意，并且觉得生活本来就应该是这样子的。

后来，庞贝古城附近的维苏威火山日益活跃，并引发了庞贝古城的一次大地震。

地震过后，庞贝古城陷入了浓烟和灰尘笼罩的黑暗之中。那些平常习惯生活在光明之中的人在黑暗中失去了方向，像无头苍蝇一样找不到出口。

倪娣雅却因为一直都生活在黑暗中，反而习惯了黑暗。她靠自己的记忆和触觉很快就找到了出口，不但救了自己，还救了不少其他人。

人生就是这样，没有绝对的得意，也没有绝对的失意。如果因为一时的失意而自怨自艾、自暴自弃，那就等于把自己送上了永远失意的绝境。像倪娣雅一样不在意眼前的黑暗，用灵敏的听觉和触觉去生活，或许会有不一样的收获。

要想让自己活得随性而快乐，就要有一种对一切都不太在意的坦然心态，持淡定的人生态度。

淡定是在这个浮躁的社会中生活得舒心的一个法宝。淡定是一种心态，是生活的一种状态，更是一种思想境界。古往今来的先哲圣贤、仁人志士无不具备这种心态，他们宠辱不惊，淡定地在各种诱惑中行走。

当今社会，人们为了生活每天不停地奔波劳碌，在各种压力之下无法感受到快乐。

其实，生活中的多数压力往往都源于人们不断地和别人攀比，进而过高地要求自己，最后陷入痛苦的深渊无法自拔。

淡定的人生态度实际上就是要在无穷无尽的欲望和自身有限的资源之间找到一种心理平衡，避免因世俗的压力而造成的心理郁闷。能够淡定地活在世俗中的人往往能够客观辩证地看待自己的优点和缺点、得到和失去、成功和失败，做一个明白人。

在得意的时候常怀一种忧患意识，在失意的时候积极寻找解决的办法。

这不是一种消极的等待和回避，而是一种在名利的诱惑和喧嚣之中依然坚守一份本真的泰然自若，是一种在挫折中仍然能够保持乐观的从容淡定。

有人的地方就有世，也就有世俗。不同的环境有不同的世俗，无论是出世还是入世都需要勇气和智慧。真正的智者懂得在世俗中保持一份淡定，在大千世界中独守一份自由自在的心境。

卸下面具，做一个真实的自己

人生有所求有所不求，不要去追求那些本不属于自己的东西。做真实的自己，不媚俗、不沉沦，种下幸福、收获幸福。想要活得精彩，就一定要卸下面具，也许你会从此改变，真正掌握自己的命运。

真实的自己有多重要？真实的自己，一定是快乐的，是简单的，是随性的，绝不是被金钱和利益包裹的，被房子和车子挟持的。做真实的自己，能听到花开的声音，能嗅到泥土的芬芳，能拥有无比的快乐。

1957年，泰国的一所寺院面临迁址，其中一群僧人负责搬运一尊巨型泥塑佛像。搬运途中，僧人发现了一个问题——佛像表面有一条细细的裂缝。因为担心毁坏佛像，所以他们决定暂时停工。

有一位僧人显得更加紧张一些，他拿着手电筒到佛像跟前细细检查。当手电筒的光束照到裂缝上时，僧人的眼睛被反射的光线灼了一下。在好奇心的驱使下，他用小锤子和凿子一点点剥去佛像身上的泥，佛像的光亮逐渐显露出来。原来，这尊佛像竟然是一尊巨大的金铸佛像，举世罕见。据历史学家推测，当年僧人是为了保护佛像不被敌军掠取，才将泥涂在佛像表面，而他们却不幸遇害，所以直至今日，佛像的价值才被发现。

很多时候，“外壳”是保护一个人免受外界伤害的有效工具，可是也正是因为“外壳”的存在，一个人的内在被隐藏起来，而被隐藏起来的，正是你真正的价值所在。

社会心理学家对人们不愿做真实的自己进行了分析，发现人们喜欢在不知不觉中陷入“比较”的怪圈，比财富、比权势……以至于欲望日益膨胀，幸福感越来越差。可是，如果幸福没有了，还要其他的东西做什么呢?

老话说“知足常乐”。可是，没房子的人，想着能有房子；有房子的，想着能有大房子；有工作的人，想着能有高收入；有高收入的人，想着去当高层……无休止的欲望，让人不停地奔波劳碌，能不累吗?

生活中本来是有很多阳光地带的，可是人们都过于关注自己的“不幸”，从而忽略了那些阳光地带，也经常有人去放大别人的幸福，而忽略了自己的快乐。

试想一下，如果人们每天都处在一种烦躁不安的状态中，时时想的都是购房、买车、生儿育女、照顾老人等“重担”，怎么能感觉到幸福呢?

生活就是由无穷无尽的琐事构成的，并不是每一件事都能够做到最好。每个人都有其来到这个世上的职责，如果什么事情都想做好，什么东西都想拥有，结果只会让自己的生命负担太重。

日本著名作家川端康成在1968年获诺贝尔文学奖后，他的生活就陷入了因为荣誉而带来的各种琐事之中。他不但要参加来自政府的各种嘉奖仪式，还要到一些大学做关于日本文学的客串讲座。

同时，他作为各种行业协会的名誉会员，还要为一些活动而奔忙。除了这些以外，他还要因为自己的作品被改编成电影而去做宣传等。

在获得诺贝尔奖的三年之后，他几乎再没有什么有分量的新作品面世。这样一个才华横溢的作家，因为琐事缠身没有时间写作而选择了自杀。甚至在自杀之前，他还因为要筹集一笔经费而心力交瘁，整日苦闷。如果川端康成在获得诺贝尔奖之后依然坚持做真实的自己，懂得取舍，以他的才华和智慧，或许会有更好的作品留传于世，而不至于只留下如此遗憾。

当你被名利所累、被琐事包裹时，不妨问问自己的内心，这是真实的你吗？你喜欢这样的自己吗？也许你就是那尊被涂了泥巴的大佛，还没有体现出自己真正的价值。每个人都有自己的位置和处境，与其盲目地羡慕别人，不如守住自己拥有的东西，活在自己的自在里。

赠予，往往是人生中最幸福的事情

生命的本质是给予而不是获取。给予是一种幸福，不求回报的给予能涤荡人的心灵，幸福也会因为不断的付出而获得持久的芬芳。幸福就在我们身上，只有把它无私地给予别人，我们才能体会到真正的幸福。

从前有一家馒头店的老板，每天都要蒸220个馒头，200个出售，20个接济穷人和孩子。

他的生意一直都很好，常常是200个馒头刚出锅，就被一抢而空。大家都劝他，另外20个也拿来卖算了，可是他死活不同意。

当他把那20个馒头送给穷人和孩子的时候，他的脸上绽放出异样的光彩，那种光彩叫作“幸福”。

好多人都埋怨自己没有幸福，那是因为他们忘记了，在通往幸福的旅途中，有一站叫“给予”。

在物欲横流的世界里有这么一个人，在大多数人的眼中，他几乎一无所有。

他没有收入，没有存款，没有房子和车子，甚至没有什么兴趣爱好。可是，尽管这样，还是有媒体称赞他为“当代英雄”，还有人这样称呼他——圣人布洛克。

为什么？因为20多年来，他和他的团队在全球十多个国家免费为40多万的穷人看病。他所提供的医疗服务，若以金钱来衡量，超过4000万美元。

像他这样的人，难道算不上是“当代英雄”和“圣人”吗？他就是斯坦·布洛克，如今已经70多岁，绝对可以说是一位穷人。

他在美国生活了几十年，但是却没有美国绿卡。他用一美元租来一所废弃的校舍，每天就睡在地板上，冰凉的地板和身体之间，只隔着一层薄薄的垫子。

他吃简单的饭菜，用那种浇草坪的橡胶水管在院子里洗澡。他有一个伴侣，也是今生唯一的伴侣——一只12年前被他收留、如今已经失明的流浪狗。

就是这样一个一贫如洗的人，竟然成了“当代英雄”。英国的《泰晤士报》更是尊称他为“圣人布洛克”。美国CBS（哥伦比亚广播公司）说他无疑是医保危机严重的美国的一根救命稻草。

布洛克创办了“偏远地区医疗志愿团”，在全球10个以上的国家免费为穷人提供医疗服务。

他将自己开展的诊疗行为视为“远征”，因为每次都要出

无私地馈赠，
静等时间给予的幸福。

动大队人马奔赴不同的地方，要运载医疗志愿者以及医疗器材等。

布洛克没有巨额财富，却一直在谱写着全球慈善行为的传奇。他是幸福的，因为他赢得了全世界人的尊重。

给予是一种幸福。佛陀说，积善因，得善报。而给予，就是在积善因，帮助了众人，更让自己体会到了幸福。

很久以前，在英国的一个乡村，一位农民正在田地里劳作，忽然听见有人喊“救命”，他知道不远处有一条水沟，声音就是从那里传来的。他立即向水沟跑去，原来是一个男孩落水了。农民奋不顾身地跳进水里，把男孩救了上来。

没想到这个男孩是一个贵族的儿子。

知道是农民救了自己的儿子之后，贵族带着很多礼物和钱财亲自登门拜谢。但是，农民什么都没有留下，只是说这是他应该做的，他很高兴他的举手之劳能够挽救一个孩子的生命。

贵族了解到农民的儿子很想当一名出色的医生，却因为没钱读书而放弃了这个梦想。于是，他决定资助农民的儿子去伦敦的圣玛丽医学院读书，帮助他实现这个梦想。

故事的结局是，农民的儿子从圣玛丽医学院毕业之后果然成了一名出色的医生，甚至还被英国皇家授勋封爵。

他就是因为发明青霉素而被授予1945年诺贝尔医学奖的亚历山大·弗莱明；而那个贵族的儿子也就是后来的英国首相丘吉尔，他在第二次世界大战期间曾经患上严重的肺炎，因为有了青霉素而再次捡回一条命。

不同的给予成就了不同的幸福。谁也不知道自己在什么时候就会需要别人的帮助，所以，当别人需要帮助的时候永远不要吝啬伸出自己的双手。

生活就是这样，我们善待身边的人，身边的人一定也会善待我们；帮助了他们，我们自己也会得到帮助。

也许是在下一刻，也许是在很远的将来，那些你帮助过的人，总会带着他们感恩的心来到你的身边，在你也需要帮助的时候伸出援手，然后微笑着告诉你："谢谢你曾经的帮助！"

善待别人，是付出，更是收获，这是一种幸福，也是一种快乐。俗话说，勿以善小而不为，我们一点点的善意，改变的也许就是旁人的生命。

有句话这样说："腾出一只手给卑微者吧，来赞扬他们；腾出一只手给狂妄者吧，来规劝他们；腾出一只手给奋斗者吧，来推进他们；腾出一只手给绝望者吧，来鼓励和拯救他们……"人生的路上，若能腾出一只手给别人，就能留下一条路给自己。

帮别人就是在帮自己，多行善就是在为自己多积德。人生的过程就是从一点一滴开始的，有善的积累，定会有善的收获。

面对诱惑，你该怎么办

每个人都有最适合自己的生活方式，面对一个不合适的诱惑选择摇头离开，才能转身去寻找幸福的捷径。

有个故事说，一个公司招聘司机时的题目是，假如悬崖边有块金子，你需要离崖边多远才能开着车拿到金子？

在一米、半米等答案被纷纷说出时，只有一个人通过了测试。他说，他会离悬崖远远的，不去捡金子。

是啊，悬崖边的金子，谁能抵抗那危险的诱惑，谁才是自己生命的主人。

美国得克萨斯州的一个小学校园里，一年级的同学们被告知今天有一个特别的课程，不需要在教室里进行，同学们都充满好奇。

老师带着同学们来到一间空荡荡的屋子里。一位模样斯文的男子走进来笑着和老师站在了一起，手中抱着一个小盒子。

他笑着说道：“同学们，我们来做个游戏，我将给你们每人一颗巧克力，我希望你们拿到巧克力以后不要马上吃掉，至少这是我的希望，而决定权在你们。

“在你们拿到巧克力后我将和老师离开一会儿，然后我将返回这间屋子，在此期间我要求你们不要离开这间屋子。

“那些没有吃掉巧克力的同学将会得到5块巧克力作为奖励。”说完男子和老师离开了。

等待是痛苦的，在这样的房间里等待更加无聊和让人不耐烦。

没用多久，同学们都开始注视手中的巧克力，这可是平时大人们不会轻易给自己买的牌子。

有的同学开始用鼻子嗅，味道真棒！同学们开始讨论起来。一个看似很有魄力的同学一把撕开了包装把巧克力放到嘴里。“真是柔滑啊，里面还有坚果呢。”他赞叹道。

马上就有几个垂涎的同学也吃了起来。巧克力的香味弥漫在房间里，大家纷纷吃了起来。

当然其中还是有一些“坚强”的同学使劲地攥住了手中的巧克力，一直忍耐到男子返回。

对于这些同学来说，这段时间让他们觉得好像有整整一天那么长，但是他们最终得到了奖励。

这项实验是针对人类心理以及人生的一项跟踪实验，被称为“延迟满足”。

这项计划选择整个班级的同学作为研究对象，通过巧克力游戏将他们分类，然后研究他们的学习表现和日后在工作中的表现。

研究发现，那些能抵得住诱惑的人通常都在成绩以及克服困境上比那些吃了第一块巧克力的人表现优异。

是啊，当一个诱惑就在手心里，一个念头就能让你得到它，而另一个更好的奖励却需要等待和努力才能获得时，做出选择并不容易。

有一位商人到东北某市投资做生意。他到达酒店后，看到新闻上不间断地播报着一个星期前的一宗商场失窃案。商场的失窃物品中最为贵重的是8块从瑞士进口的金质手表，每块市场价格都在8万元左右。

第二天在餐厅吃早餐的时候，邻桌的几位先生不停地讨论着那件至今还没有破的盗窃案，他们对于这几块表的艳羡溢于言表。吃完饭后商人出去考察工作，他周围也总有形形色色的人在议论着这几块金表。

午饭时邻桌有一个人甚至绘声绘色地说他的一位朋友见到了这批金表，并压低声音说道："1块才1万元。"

他的同伴忙说道："小声些，注意点儿，这可是公共场合。"

但是商人还是听到了这些话。那两个人继续抱怨怎么自己遇不到这么好的事儿。

晚饭的时候，有几个本地人也在他旁边热烈地讨论着这几块手表，大家一笔一笔地算账，说只要1万元买到，带到外地，怎么也能卖7万元，一块表就能赚6万元。商人的心动了一下，但也没多想什么。

回到房间后，一个陌生的电话打了进来，电话里一个男子说他手里有3块金表，想卖给外地人，保证安全，问他感不感兴趣。

他犹豫了一会儿说不感兴趣，但是男子坚持说可以陪他到珠宝店去鉴定。

他算了算账，这样赚钱可真是快啊，于是和男子约好见面并一起到珠宝店去鉴定。但是商人在珠宝店门前停住了，他想，这可是赃物，要是被发现了自己就完了。而且他看这个男子并没有害怕的意思，就觉得这3块表应该是真的。

于是他当即付了3万元钱买下了这3块金表，然后立即离开了那座城市回到了家，并去做了鉴定。结果让他倒吸一口凉气，这3只表都是假的。

几年后这个诈骗团伙落网了，警方发现其实对于这位商人的诈骗是一场精心策划的骗局，他们雇用了不同的人在商人耳边不停地进行心理暗示，一步步地诱使他进入圈套。

有人常常感叹如今的骗子越来越狡诈，其实，假如每个人都坦诚地过着自己的生活，从不奢望那些从天而降的意外便宜，不对不劳而获的诱惑大感兴趣，骗子又哪里会有那么多机会行骗呢？

爱他，就无私奉献给他

奉献使人的生活更加愉快，使人的心灵更加丰富，使人的生命更加有价值。奉献不在乎大小，而在乎是否发自内心、是否付诸实践。生命中的很多时候，正是因为有爱才充满了温情，也正是因为有爱这个世界才如此美好。

因为绿叶默默无闻的衬托，花儿显得更红；因为土壤无声无息的滋养，森林变得更茂盛……人生又何尝不是如此，因为无数的给予和奉献，才有一个又一个关于爱的故事。

2008年岁末，一个电视互动栏目的现场，著名主持人的对面是一位女嘉宾，她有着美丽的卷发、活泼的笑容。当时的她，正在认真地回答主持人提出的一道道比赛题目。

通过主持人的介绍，我们开始一点点了解这位女嘉宾。她叫小兰，已经33岁。数月前，小兰得知自己患上了乳腺癌，几经挣扎，她决定做手术，将乳房切除。原本夫妻感情就不是很融洽的小兰，在手术前通过和丈夫协商，办理了离婚手续。一是怕丈夫得知这个消息会为难，二是不想拖累丈夫一辈子。

离婚之后，小兰并没有放弃，而是勇敢地选择了手术，并且一直坚持化疗。2008年年底，小兰得知身上的癌细胞已经开始扩散。我们当时所见电视上的小兰，她的生命已经进入倒计时阶段。然而，就是在这样的时刻，这个美丽坚强的女子，不仅显示出常人所没有的从容和淡定，积极配合治疗，而且做出了一个让人由衷敬佩的重大决定——捐献自己的眼角膜。

小兰很聪明，在整个答题过程中，她一路过关斩将，最终获得了一台价格不菲的笔记本电脑，小兰开心地将笔记本电脑送给了自己10岁的儿子。儿子长得很像她，写满童真的脸上看不到忧伤，也许他并不知道癌症意味着什么。

节目现场，小兰见到了答应为自己做眼角膜捐献手术的医生，并且现场签署了器官捐献协议书。她的举止是那么从容，没人看得出当时她已经重病缠身。小兰说，如果可能，希望自己的眼角膜可以移植给一个小孩子或者一位老人。因为，小孩子的人生才刚刚开始，他们太需要看到光明；而老人，经历了沧桑岁月之后，更需要在有生之年去感受身边的幸福……现场观众无不为之动容，包括电视机前的观众，也都是鼻子发酸，热泪盈眶。

小兰笑着安慰主持人和观众说："大家千万不要哭哭啼啼的，我一直在想，自己还能为这个世界做些什么呢？我的奉献其实是微不足道的，很多人做得比我要多得多。"主持人眼圈发红，哽咽着说："看看小兰，再看看我们自己，爱的秘诀，在她身上找到了答案。"

自始至终，小兰都保持着甜美的微笑，她对自己的病情很坦然，仿佛是在说别人的故事。无数在场的观众悄悄抹去眼泪，祈愿这个美丽的女子和这个世界从容道别。

有这样两种蚂蚁同时生活在巴西的甘蔗地里：一种是柔弱温和，以植物为生的黑蚂蚁；另一种是残暴强大，不放过任何可以吃的东西，甚至包括同伴的行军蚁，它们最喜欢吃的则是黑蚂蚁。

人们都以为和行军蚁生活在一起的黑蚂蚁一定会不断地被吃掉，直至灭种。但是，几年之后，人们却发现甘蔗地里黑蚂蚁的数量并没有减少多少，而那些强大的行军蚁却越来越少。

为此，生物学家对这两种蚂蚁观察了很长时间。最后，他们终于发现了其中的秘密。

每天傍晚，劳作一天的黑蚂蚁大军都会准时返回巢穴。但是，每次都会有20多只黑蚂蚁没有进入巢穴。刚开始，生物学家以为这些是掉队的黑蚂蚁。

直到一天傍晚，当黑蚂蚁大军钻进巢穴之后，依然有20多只黑蚂蚁留在巢穴之外。虽然它们本来是有机会进入巢穴的，但它们并没有进去，而是在同伴都进入巢穴并封住洞口之后，它们再从外面搬来一些沙粒把洞口掩藏起来。不一会儿，一群强大的行军蚁出现了。它们像饿狼一样扑向留在巢穴之外的20多只黑蚂蚁。吃完那些黑蚂蚁之后，食欲大增的它们开始到处寻找猎物，被那20多只黑蚂蚁掩藏好的黑蚂蚁洞口安然地躲过了行军蚁的搜寻。最后，饿极了的行军蚁开始把捕食的矛头指向自己的同伴。经过一场惨烈的斗争，一群行军蚁只剩下大半。

奉献自己以保全同类，这就是弱小的黑蚂蚁生存的秘密。奉献精神是一种爱，这种爱不但能够给别人带来安全和幸福，也能够使自己的生命变得高尚。

要做，就做到极致

一个人的成功不仅仅是要绽放在伟大的事业中，一个人的光彩也不仅仅是闪耀在重要的位置上，把小事做到极致、做到最好，你就是自己人生中最成功的主角。

每个人心中都有一个美好的愿望、崇高的理想。每个人都希望自己能成为一个出色的人物。

可是每个人的天分不同、机遇不同，所以不是每个人的理想都能实现。

理想和现实之间总会存在一定的差距。如果因为这个差距就一蹶不振，那么就只会离理想越来越远。差距虽然存在，但是如何缩小这个差距就要看人如何去做了。

也许有人永远也到不了理想的彼岸，但可以通过努力，做最好的自己。

从1973年客串第一部电影以来，他从未担任过男主角，却红遍华人世界，可以说是影视圈中最优秀的“黄金配角”。

他因为擅长演喜剧而出名，又凭借《天若有情》中精彩的“保叔”一角而获得了香港金像奖最佳男配角奖。他就是吴孟达。

相信每一位演员在踏入演艺生涯的第一天起就梦想着成为主角，并成为最佳主角。但是，对于长得不帅、先天条件不好的吴孟达来说，当主角只能是梦想。

在将近40年的演艺生涯中，吴孟达一直都是演配角。他出演的每一个角色都是生活中不重要的小人物，可是，他用自己的方式解读、演绎着这些小角色，把这些剧中的配角演得精彩而动人，使观众在记住这些配角的同时也深深地记住了他。相对于其他专做配角的演员来说，吴孟达是为数不多的凭借配角红遍大江南北的演员。

虽然吴孟达在无线艺员培训班的时候成绩名列前茅，甚至远在周润发之上，但是他长相老气，身材稍显臃肿，很难成为导演心目中的主角。

刚毕业时的吴孟达拍戏从来不认真，也不守时，而他平时在生活中更是不知道节省，不但花天酒地，还因为赌博输掉好多钱，最终宣告破产。

他甚至一度想过自杀，但是，痛定思痛后，他又跑起了龙套，以此还债。

他用4年的时间来为自己的错误还债，然后又用4年的时间来提高自己。

他读遍了各表演大师的书，甚至还会读一些佛经来净化自己的心灵。那段日子是他人生的一个转折点，也开启了他演艺生涯的黄金时代。但是，他依然只是一个配角。这一演就是数十年，直至今天，他被称为“金牌配角”。

在一次采访中，当被问及是怎样当好配角，成为“金牌配角”的时候，吴孟达巧妙地把拍电影比作一道菜，认为自己的角色就是配料。

如果说主演是一条鱼，那他这个配角就要想着配什么材料才能把这条鱼做得更好吃。所以，他会根据不同的鱼选择不同的配料，比如，他在跟刘德华配戏的时候，因为刘德华的形象比较正面，他在演的时候就会收敛一些；而如果是和周星驰配戏，他就会故意夸张地烘托气氛，增强喜剧效果。

而在谈到“一个配角除了辅佐主角，还应该怎样体现自己的价值”的问题时，吴孟达更是坦言，即使是演一个不重要的反派配角，只要用心，都可以成功。其中的秘诀就是把这个反派配角演得让观众同情，甚至觉得他有些可爱，而不是像以前那些演反派的人那样惹人讨厌。或许吴孟达的成功就是源于他对每一个自己出演的角色的不同解读和他的认真。

他从来没有因为自己出演的是一个不重要的配角而放松对自己的要求，他甚至会在看完剧本，出演一个角色之前专门写一个角色分析提纲来帮助自己透彻地了解角色，从而更好地出演。

这就是吴孟达，把配角当作一项事业来做，不断地努力，让自己成为最好的配角。

成功可以有很多种。不可否认，能够成为最佳男主角的明星是成功的，但仍有像吴孟达这样凭借小配角也在影视圈中成了令人瞩目的大明星。

牛顿、孔子是成功的，特蕾莎修女、感动中国的那些小人物同样也是成功的。成功可以有很多种定义，也可以有很多种方式。

有时候，把远大的理想分解成具体的奋斗目标，做好身边的每一件小事，快乐地度过每一天，不断地超越自己，让自己成为最出色的“小人物”，同样也是一种成功。

平庸并不是天生的，而是由于我们自身缺乏对美好事物的坚持造成的。人必须处于不断的更新之中，不断地进行新的自我策划，才能在不断的成长中脱胎换骨，成就最好的自己。

人生没有失败，理想不分大小，只要你脚踏实地，把每一件事都做到最好，你就能成为最好的自己。即使在最糟糕的环境中，我们也能树立优秀的自我形象。

所以无论是谁，只要能够在现有的环境中坚持自我的实现，最终都可以突破环境的限制，成就最优秀的自己。

用高标准、严要求把握和衡量自己吧，将自己放在一个更高的水平上，这样你的人生就好比点亮了一盏明亮的引路之灯，它不仅能照亮前路，同时也多了一份鼓舞人心的力量。

想和做，有时是对矛盾体

退一步想，是一种智慧，轻轻退一步，视野开阔，心灵坦荡，反而看得更远、更清楚；进一步做，是一种勇气，向前一步，能让我们收获更多。

在我们的人生中，原地打转的时候并不多，大多数时候，我们都要面临向前一步还是退后一步的两难选择。前进是一种积极进取，但未知的世界可能会让我们陷入困境；退后一步稳妥安全，却也可能因此失去一次绝佳的机会。“进一步”需要的是勇气，“退一步”需要的则是智慧。

他和她结婚7年，夫妻俩始终恩恩爱爱，日子过得甜甜蜜蜜。他自己创业办了一家公司，她帮他前后打理，夫妻搭配，生意做得风风火火。人家都说婚姻有“七年之痒”，让她小心，她却一笑置之。她相信他的爱，也相信自己的魅力。

那天，她要去外地出差，一大早就出门赶往机场。到了机场，她才突然想起把最重要的合同落在家里了。没了合同，这趟出差没有任何意义，她不得不再打车回家去取。

刚走到家门口，她就听见屋里传来一个女人的声音。仔细一听，她顿时失去了开门的勇气，门里面她老公把曾经和自己说的情话说给了另一个女人听。那个女人的声音她很熟悉，是她老公的秘书陈晨，而且就住在他们家楼下。

心中的怒火像即将爆发的火山，她恨不得马上踹开门，给他们几耳光。但是，她退后一步，靠着门想，如果那样做，只会让大家都撕破脸，甚至还有可能毁掉自己辛苦建立的这个家。但是，她也不能袖手旁观，任由他们发展下去，最终同样会使她失去这个幸福的家。她总要做点什么……

想到这儿，她飞快地下楼，走到小区门口，用手机拨通家里的电话，尽量用平和的语气说："老公，我把合同落家里了。你快点帮我把它找出来，我请陈晨把它给我送过来。"

不等她老公回答，她就飞快地挂断电话，然后拨通了陈晨的手机："陈晨，我在小区门口，要急着去机场，来不及回家了，请你现在快点到我家拿一份合同送给我，好吗？"

挂断电话之后，她耐心地在小区门口等待。

很快，陈晨拿着合同来到小区门口，满脸羞愧和尴尬。她接过陈晨手中的合同，对她大方一笑，说声："谢谢你了。"然后，转身离开。

她出差回来后，发现陈晨已经离开了公司。老公的解释是陈晨自己辞职走的。他们的生活又恢复到以前的模样，好像什么都不曾发生。

她是一个聪慧的女子，在婚姻危机面前及时地冷静下来，退一步思考，自己想要什么，进一步应该怎么做，最后她打了一场漂亮的婚姻保卫战。

在变幻莫测的人生路上，总会有各种各样的问题接踵而来，许多问题往往超出我们的能力和经验，让我们陷入进退两难的境地。

这个时候，我们不妨让自己先从问题的困扰中走出来，退一步思考，从全新的思考角度出发找到解决的办法。退一步是为进一步积累智慧，寻找出路。

一座寺庙的方丈自觉年事已高，打理寺庙已经有些力不从心，决定找一个聪明的弟子来做自己的接班人。于是，他把自己最得意的两个弟子叫到面前，对他们说："你们俩谁能凭自己的力量，从寺院后面的悬崖下面攀爬上来，谁就将是我的接班人。"

两个弟子一同来到悬崖下，抬头望去，崖壁极其险峻，根本没有上山的路。

第一个弟子想也不想就开始攀爬。但是，因为崖面光滑、陡峭，很快他就从上面滑了下来。他立即爬起来更加小心地重新开始，但是不一会儿他还是滑了下来。他坚信只要坚持就一定能够成功，于是他不断地失败，不断地重新开始……

第二个弟子刚开始也是手脚并用地往上爬，结果他也一样不断地摔下来。最后，他退后一步，攒足了力气准备再试一次，但是当他不经意地向下看了一眼之后，突然扭头向山下走去。

在旁边观看的其他弟子都开始嘲笑第二个弟子太过懦弱，没想到他这么早就放弃了。方丈却默然无语地看着下山的弟子。

第二个弟子到了山下，沿着一条小溪逆流而上，穿过一片树林，越过一个山谷……最后居然没费什么力气就到了崖顶。而这时，第一个弟子早已累晕在崖下，再无力气攀爬。

方丈微笑着宣布第二个弟子为他的接班人，并解释道："寺后的悬崖并不是仅靠人力就能攀爬上去的。但是，只要站在山下抬头往上看，就可以看见一条上山的小路。

"明者因境而变，智者随情而行。面对困难并不是一味地前进就能够取得成功，有时候，退一步反而能帮助你进一步。"

大多数的时候，我们都执着于勇气和坚持，往往和故事中的第一个弟子一样，最后筋疲力尽却依然无法到达最终的目标。虽然勇气和坚持是可贵的，但是适时地"退一步想"有时反而能让我们更容易接近目标。

"退一步"并不意味着对信念的不坚定和放弃，只是让我们更加清醒地看到更好的"进一步"的方法。

不经历风雨怎能见彩虹

如果你每天都找出自己所犯的错误并加以改正，那么你犯错的次数就会慢慢减少，而成功的机会就会不断增加。渐渐地，你会发现自己已经在那些错误中迅速地成长。你将会积累更多的智慧，一天比一天出色。

人非圣贤，孰能无过。在漫长的人生中，每个人都难免会犯错，会失败。

犯错并不可怕，关键是要懂得如何利用错误让自己得到提升，让错误成就自己。

人总要在犯错之后，才能领悟其中的原因，才会在改进中慢慢走向成功。

当我们把一个个错误踏在脚下，必然能够到达成功的彼岸。

生活中，即使最聪明、最成功的人也同样有过错误和失败，而这些人与失败者的不同之处仅仅在于，他们深深地知道，没有错误就没有正确，错误造就的失败才能铸就成功，这也是我们生存必须要付出的代价。

只有那些从错误和失败中吸取经验和教训，让逆境考验自己，在逆境中不断提升自己的人，才能真正收获成功的人生。

她从小就喜欢唱歌，仅仅是喜欢，并没有经过什么专业的训练，但是唱得还不错。

听说有家电视台在举办歌唱比赛，同学们便怂恿她去试试看。

几轮比赛下来，她居然进入了30强，心中自然有些小小的得意。

30进20比赛那天，她因为头天晚上没有休息好，唱歌的时候状态不太好，中间居然还出现了忘词的情况。

在第一轮比赛过后，主持人出人意料地说："这一轮，让我们来评出一个最差歌手，也就是说，这个人要唱功差，着装差，状态差。"

这是一件非常尴尬的事情，一般比赛都是评出最优，从来没有一个比赛会评选出最差的。

这对于刚刚出错的她来说，简直是一场灾难。

10分钟过后，最差歌手被评选出来，并且当场公布。

是她，居然真的是她。她一脸震惊，一时不知如何反应。

这时，主持人说："请您往前走一步。"

她机械地走了出来，眼泪在眼眶中打转，她几乎就要哭出来了，可是她不想在众人面前丢脸，强忍着泪水。

主持人和评委开始你一句我一句地说她唱功如何不专业，服装搭配如何不协调，唱歌时如何不在状态……

她静静地听着，突然觉得自己刚才免费上了一堂宝贵的课。

她知道了怎样唱歌才会更动听，衣服要怎么搭配才会更好看，唱什么歌时应该有什么样的状态和情绪，而这些是她以前从来都没有接触过的。

想到这里，她对着主持人和评委点点头，笑着说："我知道了，下次一定会注意。"

然后带着微笑，耐心倾听。

接下来，是第二轮和第三轮的比赛。

大家都以为她会自暴自弃，可是她在比赛中的表现竟然一轮比一轮好。

到最后，奇迹诞生了——在第一轮被评为最差歌手的她居然第一个进入20强。

记者采访时问她："第一轮之后，你是怎么顶住这么大的压力来面对评委的责难的？"

她笑着说："我很高兴在第一轮的时候我出错了，被评为最差歌手。是逆境使我得到考验，让我离成功更近一步，是逆境成就了我。"

有人曾说："逆境给人宝贵的磨炼机会。只有经得起逆境考验的人，才能算是真正的强者。自古以来的伟人，大多是抱着不屈不挠的精神，从逆境中挣扎奋斗过来的。”

钱学森说：“正确的结果，是从大量错误中得出来的；没有大量错误做台阶，也就登不上最后正确结果的高座。”

每一次的错误，都会使我们更加迫切地寻求正确的东西；每一次从错误中得来的经验教训，都会使我们更加小心地避开前方的错误，从而使走向成功的路更加平坦。

就某种意义来说，是错误铺就了成功之路。

每个人最好的成长都在挫折和逆境中。

挫折能让强者更强大，弱者更懦弱。唯有那些在挫折中成长的人才懂得挫折的可贵，才懂得逆境让自己成长，才懂得感谢挫折和逆境。

越是这样的人，才越容易取得辉煌的成就。

有时候成功的法则就是这样简单，虽然你为此付出了很多艰辛，但你毕竟是成功了，不是吗?

挫折从来都不招人待见，但却是成功者的阶梯。

挫折是庸人的苦难，却是杰出者最宝贵的财富。

上帝永远是一个精明的生意人，在他给你一份天才的同时，也必然搭配几倍于天才的苦难。

改变能改变的，接受不能改变的——这是面对挫折该有的态度!

不要说自己多高，要看自己多低

放低自己是一种生存的智慧。在人生中，放低自己，才能正视自己，善待他人；放低自己，才能多一分淡定，少一分骄傲；放低自己，才能吸纳别人的智慧和经验；放低自己，才能在人生的路上走得更好。

有一位年轻人才华横溢，小小年纪画出的画就已经非常漂亮。为了能够取得更好的成绩，他决定出门学画。辗转几年，他走过了许多地方，拜访过无数大师，却没有一位能够使他留下安心学画。不仅如此，因为他长期漂泊，很少有机会专心作画，所以几年过去了，他的画工依然没有长进。

一天，他满怀失望地来到一家寺庙。他对住持说：“大师，我一心一意想学画画，却至今没有找到一位令我满意的老师。”

住持听了之后，让年轻人为他画一只茶杯和一把茶壶。年轻人欣然答应，片刻之后，茶杯和茶壶便跃然纸上。住持看后，摇了摇头说：“画得是不错，只是你把茶壶和茶杯的位置放错了。应该是茶杯在上，茶壶在下啊！”

年轻人一听，立刻说：“大师，茶杯在上，茶壶还怎么往里倒水啊？”

住持听了之后说：“是啊！茶杯只有在茶壶的下面才能接住茶壶里的水。你希望自己的杯子里注入那些美术大家的技艺，却把自己的杯子高高举起，别人怎么能倒进去水呢？”

年轻人听后恍然大悟。

人生就像是把茶壶，而我们就是茶杯，只有把自己放低，才能接住人生注入的机会之水，才能在工作和生活中做得更好，走得更远。

俄国的心理学家巴普洛夫说：“无论在什么时候，永远不要以为自己已经知道了一切。不管人们把你评价得多么高，你永远要有勇气对自己说：我是个毫无所知的人。”人只有放低了自己，才能发现并把握提升自己、成就自己的机会。

在举世闻名的秦始皇陵兵马俑中，保存最为完整的就是那些跪射俑。它们也因此被誉为秦始皇陵兵马俑博物馆的镇馆之宝。

深埋在地下两千多年的兵马俑在出土的时候大部分都已经有了不同程度的损坏，有的胳膊断了，有的头损坏了，但是跪射俑却是一个令人惊喜的意外，它们是唯一一种出土的时候仍然保存得非常完好的兵马俑。不但没有损坏，甚至连发丝、衣服上的褶皱等细微的地方都还没有磨损。

它们的姿势非常统一，都是右脚脚尖和右膝支地，左腿弯曲，全身下蹲微微向右倾，双手拉弓，双眼炯炯有神，望向箭支的前方。据说这种引弓射箭的姿势在当时被称为坐式射姿。这种姿势的主要特点是持弓稳当，耗力较小，而且准头相对精确，由于身体下蹲，也减少了被攻击的面积。在防守和伏击敌人的时候一般采用这种姿势。而跪射俑经历两千年的洗礼，直到今天依然完好无损的秘密也在这种姿势上。

俗话说，天塌了有高个子的人顶着。兵马俑都是埋藏在地下的，当原本遮护它们的棚子塌落，棚上的土也随之砸下来的时候，首先遭殃的必然是那些高高站立的俑，而跪射俑因为比周围的站俑要矮半截，所以承受的破坏力较小。同时，它们的姿势使它们整个身体形成了稳定的三角结构，最关键的是下蹲的姿势降低了它们的重心，比两脚平行站立的俑要稳定得多，就算有较大的破坏力袭来，它们本身也具有较大的抵抗力。这就是这些跪射俑历经两千年的时光仍然光彩依旧、完好无损的秘密。

跪射俑用跪的姿态放低自己，从而避开了那些意外的伤害，在历史的长河中保全了自己。就像跪射俑一样，在生活中那些获得成功的人，往往都是懂得放低自己的人。那些高昂着头、自视过高的人往往看不到世界的美好，看不清脚下的路。只有敢于低头并不断否定自己的人，才能看清形势，为自己找到最好的位置，让自己得到更好的发展。

放低自己是一种智慧，更是一种能力。

一切都可以从零开始

人的心灵空间是有限的，如果不把过去清空，就无法把未来装进去。过去的，都要在今天归零，因为人生有很多新的起点，重新开始，才能收获更多。只要我们愿意，随时都可以从零开始，抛开过去，快乐出发。

过去的，请在今天归零。不论是令人伤心的失败，还是让人骄傲的成功，都请在今天把它们忘记。只有归零，清空自己的内心，才能让自己心态平和，从而更好地迎接崭新的今天和充满希望的明天。

古时候，有一个潜心学佛的人，觉得自己已经有所成就，就去拜望一位德高望重的老禅师，希望能跟他交流所学。到达后，接待他的是老禅师的徒弟。那个人本是慕名前来，没想到老禅师派弟子来接待自己，心中很是不悦，态度也很傲慢。后来，老禅师走了出来，接待了他，并亲自为他沏茶，他的心情才渐渐恢复平静。老禅师在为他沏茶倒水的过程中，杯子里的水明明已经满了，可老禅师还在不停地倒。

这个人觉得很奇怪，就问禅师："大师，杯子不是已经满了吗？为什么还要再倒呢？"老禅师笑着回答："是啊，既然已经满了，为什么还要再倒呢？"言下之意是，既然你已经认为所学很深了，为什么还要来这里呢？

这个人一下子恍然大悟，不由得一阵羞愧。无论是做事还是做人，先要有谦卑的态度，这样才能有空间去提升自己，让自己获得更大的成就。老禅师教给这个人的不正是这个道理吗？

生活中的我们，想让自己没有压力和负担地快乐前行，需要在今天，把过去的一切清零。从现在做起，为时不晚。

在一次心理课上，老师让同学写出过去曾经感到愧疚、遗憾或者不完美的事情，并让学生自己读出所写的内容。这个问题涉及隐私，汤姆觉得很难为情。可是，有同学自告奋勇地大声读出了自己的"隐私"，于是汤姆也开始奋笔疾书，不知不觉，已经写下了好多项。这时候，老师建议他去为自己的"忏悔录"做补救，如采取具体的行动去纠正以前的过错，可是汤姆觉得，那些事情早已过去，甚至有很多人都从自己的生活中远去了，这样做会有用吗？不过最终汤姆还是听从了老师的建议。

小时候的汤姆生活在一个小镇，小镇里的孩子们都不喜欢当地的警长艾伦先生。一天晚上，他们决定捉弄一下艾伦警长。于是他们找来一桶油漆，爬到小镇最高的水塔上，用鲜红的油漆漆上了几个大字——艾伦警长是个笨蛋！第二天，全镇的人都看到了这几个大字。很快，艾伦警长就找到了他们这帮孩子，经过询问，其他孩子都坦白交代了，只有汤姆一直撒谎，拒绝承认这件事。好在艾伦警长并没有追究下去，汤姆被放回家了。

虽然这件事已经过去很多年了，汤姆回想起来却觉得像发生在昨天。他突然很想打电话给艾伦警长。终于，他鼓起勇气，往家乡的小镇打了个电话，他的声音有些颤抖：“请问是艾伦警长吗？”电话那端回答：“是的！”汤姆接着说：“我是小汤姆，我，想告诉您我曾经向您撒过谎……”一阵沉默后，艾伦警长大笑着回答：“我早就知道了！不过，我很高兴你终于在这么多年后放下了这件事情，这些年你一直惦记着这件事，心里肯定很不是滋味。现在你能告诉我，说明你已经释然了。我很开心，希望你以后幸福！”汤姆放下了电话，他的心里从来没有像现在这样轻松过。

也许你过去犯过不少错误，那么请马上将它们归零，只有这样，你的心灵才能获得解脱，你才能轻松地踏上新的人生征程。

举起手来，给自己一次机会

当机会一次次错过时，不要抱怨他人，一切都只是因为我们自己不够主动。机会可能会迟到，但绝不会不到。只有积极主动的人才能够创造机会并抓住机会。当你举起你的手时，你已经为自己创造了一个机会。

人人都渴望事业上的成功，但并不是人人都能把握住成功的机会。在每个人的人生中都不缺少机会，缺少的只是抓住机会的决心和胆量。

机会来临时，很多人虽然不安于现状，跃跃欲试，却依然会恐惧、退缩、茫然无措，于是左顾右盼，等到终于下定决心才发现机会早已远去。

世界上有许多成功人士之所以取得成功，并不是因为他们比我们更有天赋和能力，而是因为他们比我们在机会面前更有胆量，更有魄力。

有这样一个女孩，她对表演极度热爱，但是因为她长得不太漂亮，几次报考戏剧学院都落榜了。为了自己的梦想，她来到一个话剧团，成了一名勤杂工。虽然她不断地提起自己的梦想，但是没有人相信她能成为著名演员，毕竟在剧团里连跑龙套的角色都很少轮到她。

每天除了那些琐碎的工作，她最大的乐趣就是看别的演员演戏以及听导演给演员讲戏。她不光把这些记在心里，还专门准备了一个小笔记本，仔细地记下来，以便随时“复习”。她的做法在别人看来简直愚不可及，一个勤杂工怎么成得了著名演员呢?

但是，一次偶然的机会改变了她的命运。

那是一部非常重要的话剧，谁知在关键时刻，女主角突然因生病不能登台演出。一时间剧团里好像炸开了锅。俗话说，救场如救火，但是如果没有足够的勇气和自信，谁敢去引火烧身呢?

导演试图说服其他女演员临时顶替上场，但是没有一个女演员有信心能救得了这场“火”。最后，她勇敢地站了出来：“导演，让我试试好吗?”

导演惊愕地看着她：“你，能行吗?”

“不知道，我只想试试。”话虽这么说，但是她自己心里是清楚的，这么多天的心记、笔记，她已经把女主角的台词背得滚瓜烂熟，而导演和女主角讲戏时强调的要点还响在耳畔，在无数个夜晚的独自排练还历历在目，自己只是差一个舞台罢了。

虽然很不情愿，但是导演看着场下闹哄哄的观众，还是无奈地点点头同意了。

她深吸一口气，努力克服心中的自卑和胆怯，勇敢地走上舞台。她把自己的表演天赋和无数个日夜的努力都淋漓尽致地展现在了舞台上，她的表演获得了出人意料的成功。

让自己去“试一试”吧！在机会面前，给自己一次举手的机会，或许这就是一次带你走向成功的机会。

如果这个女孩没有在关键时刻站出来说“让我试试好吗”，她可能还只是一个做着遥不可及的演员梦的勤杂工。无论她多有天赋，背后付出多少努力，成功都必然和她无关。因为如果她自己不举手的话，谁会注意到这样一个默默无闻的勤杂工呢?

如果你还在抱怨上天不给自己成功的机会，不妨问一下自己：我给过自己举手的机会吗?

一家大公司要招聘一名销售经理，经过几轮的选拔，最后留下了3个人进入复试。

对他们进行复试的是公司的董事长。他在三人对面坐下后，静静地看着他们，一句话也没有说。10分钟后，他开口了：“今天的复试题很简单，1加1等于几？知道答案的请举手。”

没有人举手，谁也不知道董事长葫芦里卖的是什么药，真的会有这么简单的复试题吗?

10分钟过去了，20分钟过去了，半小时过去了……依然没有人举手。董事长显然已经失去了耐心，站起来说："你们再想想，我……"正在这时，有一个人缓缓地举起了手。董事长眼睛一亮，惊喜地说："你来回答。"

"1加1等于2。"

听到他的答案，另外两个参加复试的人苦笑了一下。"要是答案真这么简单，我们早就举手了。"他们心中这样想着。

谁知董事长却微笑着点点头说："恭喜你战胜了自己，给了自己一次举手的机会。"

然后他转过身对另外两个人说："我知道你们肯定有些不服气。但是，我给你们每个人一次成功的举手机会，是你们自己不够自信，怀疑自己。

"面对如此简单的题目，你们犹豫不决。如果是在商场中，绝好的销售机会岂不就这样白白溜走了？

"他虽然也犹疑过，但是他在关键时刻还是举起了手，说明他比你们更加自信、执着、从容，也比你们更适合这个岗位。"

成功的机会与时间的恰到好处有关，很难把握。在机会面前，一切的外在条件，学历、长相、背景都成了附加条件，而最关键的就是敢于一试的自信和胆量。所以，与其在消极、悲观中等待机会的降临，不如自信、乐观地给自己一次举手的机会。

爱笑的人，运气都不会差

要时刻把微笑挂在脸上，虽然你自己看不见，但是看见它的人大多也会下意识地对你微笑。一个微笑就是一颗启明星，它能驱赶黑暗，带来阳光。一个脸上总是挂着微笑的人更容易得到别人的好感，从而得到更多的机会。

微笑是世间最美的语言。它能使一个陌生人走近你，甚至爱上你；它能化解矛盾和误会，为你赢得谅解和友谊；它能成为你山穷水尽时的指路明灯，为你照亮柳暗花明的前方。

有人说，微笑是一个人最好的名片。如果你每天都带着微笑去生活，使别人在你的微笑中如沐春风，自然会增加你的亲和力，大家也都更愿意和你交往。如此一来，你得到的机会也会更多。

有两位退休老人每天都到一个池塘去钓鱼。一来二去，两人的钓鱼技术突飞猛进，总是用不了多久的工夫，就能大有收获。两位老人每天都会相互较劲，暗暗比赛谁钓的鱼更多一些。但是，他们总是不相上下，这让他们非常郁闷。急于超过对方的心情让他们更加用心钻研钓鱼的技巧。

一天，池塘边来了几位游客。他们看到这两位老人轻轻松松地就把鱼钓了上来，于是也到附近去买了钓竿来试试自己的运气。谁知半天过去了，几个人居然没有一个人钓上来一条鱼，他们心中便充满了疑惑：那两位老人到底是怎样把鱼钓上来的呢？

于是，他们决定去向两位老人请教。当他们走到两位老人身边，客气地提出自己的疑问时，第一个老人却头也不抬，只是"哼"了一声便不再说话。几个人讪讪地退后了几步，不敢再靠近他。

而第二个老人转过身笑着看着他们，说："我观察你们半天了，看来你们都没有钓过鱼啊！"大家立即都围上来七嘴八舌地说："是啊！是啊！我们看您是钓鱼高手，能教教我们吗？"老人继续笑着说："那当然没问题啊！不过，我有一个条件，如果你们学会了我传授的诀窍，钓到鱼之后，每5条鱼就分给我1条，不足5条的话就不必给我了。"众人连连答应。

老人开始教这几个人钓鱼，待他们都学会了之后，他又笑着走到另一群人中间，同样也传授钓鱼秘诀，依然要求他们每钓到5条就回馈给他1条。

一天下来，这位老人带着微笑把所有的时间都用在指导别人钓鱼上，结果得到的竟然是满满一大篓鱼，同时还认识了一大群新朋友。他们一口一个“老师”，喊得老人心中甜滋滋的。

而另一位老人不但享受不到这种乐趣，一个人孤单落寞地在那儿辛苦一整天，钓的鱼还没有这位老人得到的一半多。他闷闷地想：其实，我也是愿意教你们的。你们怎么问一下就走了呢？

对于老人的问题，答案其实很简单——没有一个人愿意靠近一张冷冰冰的脸。我们的人生就像在钓鱼，一个人默默地用鱼饵钓鱼，无论你技术多么好，都很难获得更多的机会，取得更大的成就。因为你的一根鱼竿一次永远只能钓上来一条鱼；而如果你用微笑去钓鱼，传递友善，分享机会，你就能钓到更多的机会，赢得更大的成就。

一个真诚的微笑，有时胜过千言万语，能瞬间拉近人和人之间的距离。一个善于微笑的人，总是能够获得比别人更多的机会，也总是更容易取得成功。

20世纪30年代对犹太人来说是一场噩梦，但是有一位犹太传教士却幸免于难。

这位犹太传教士每天早晨6点都会按时到他家附近的一条乡间小路上散步。那条小路每天都会有许多人经过，但是他无论见到任何人，都会微笑着和对方打一声招呼：“早安。”起初，大家对他这声问候的反应十分冷漠，几乎没有人会回应。尤其是一位叫米勒的年轻人，他对这位犹太传教士没有一丝好感。

但是，大家的冷漠并没有改变犹太传教士的微笑。每天早上，他依然会微笑着和每一个人道一声“早安”。因为他的微笑，渐渐地开始有人回应他的问候，但是米勒对他依然非常冷漠。犹太传教士并没有因此停止对米勒的微笑和问候。

终于有一天，米勒脱下帽子，也向传教士微笑着道了一声：“早安。”

就这样过了几年后，纳粹党开始上台执政。一天，犹太传教士和其他犹太人一起被集中起来，送往集中营。在下火车整队的时候，有一个手拿指挥棒的指挥官，在队伍前面边挥动一根棒子，边喊道：“左，右。”被指向左边的人只有死路一条，而被指向右边的人则还有生还的机会。

到传教士的时候，他小心翼翼地走上前去。就在他绝望地抬起头的时候，发现眼前的指挥官居然就是彼此微笑着问候了好几年的米勒先生，他习惯性地脱口而出：“早安，米勒先生。”

米勒虽然脸上没有什么表情，但还是小声地道了一句：“早安。”

最后，传教士被指向了右边。

传教士的微笑打动了一颗冷漠的心，不但为自己赢得了一份友谊，更赢得了一个生还的机会。微笑是对生活的一种态度，是对他人的一种尊重。当你用微笑面对别人时，别人也会以微笑回报你。

力量无处不在

不要陶醉于过去的成绩，也不要预支未来的烦恼，我们只能活在当下，活在此时此刻。活在当下，我们才能找到真正的力量，创造出精彩的人生。

有人曾经请佛陀指点，待他把自己的人生从过去的遗憾到未来的茫然全部都说了一遍之后，佛陀并没有直接指点他，而是问他：“你今天快乐吗？”他点点头。“你中午吃饭了吗？”他再次点点头，接着他准备说点什么，但是佛陀接着又问他：“你吃完午饭睡午觉了吗？”“睡了，睡了。”“睡得好吗？”“好。可是这跟我的那些问题有什么关系呢？现在你可以为我指点了吧？”佛陀却说：“你已经有答案了。”然后佛陀就不再说话。几天之后，这个人终于明白了佛陀的意思——活在当下，寻找当下的力量，这才是人生的要点。

有一位哲学家到沙漠中旅行，中途他看到一座已成为废墟的城堡。在岁月和风沙的侵蚀下，这座城堡已经看不出原来的模样，但是那些耸立的石柱仍在向世人宣告它昔日的辉煌。

哲学家走累了，便在一个石雕前坐了下来。他望着被历史淘汰下来的残垣断壁，想象着这里曾经的热闹和辉煌，不由得叹了一口气："可惜呀，可惜！"

忽然，有人接着说道："先生，可惜什么呀？"

哲学家疑惑地向四周看了看，却没有发现一个人。他正在疑惑，那个声音又响了起来："别找了，我在你身后。"

哲学家惊奇地端详着背后的石雕，奇怪地问道："你为什么会有两个面孔呢？"

那石雕回答说："我是'双面神'。有了两个面孔，我就能一面察看过去，牢牢地记住曾经的教训；一面预测未来，勾勒美好的蓝图。"

哲学家听后说："过去的只能是现在的逝去，所谓教训也只是现在的错误；而未来又是现在的延续，所谓蓝图也只是现在的结果。过去无法挽留，未来又无法得到。你把关注点放在了毫无意义的过去和未来，却不把现在放在眼里，就算你能对过去了如指掌，对未来未卜先知，又有什么意义呢？"

"双面神"听了哲学家的话，不由得痛哭起来："先生啊，听了你的话我才明白我为什么会落得今天这样的下场。很久以前，我奉命保护这座城堡，自诩能够一面察看过去，一面预测未来，却独独没有把握好现在。结果，直到城堡被别人攻陷我还没有反应过来。城堡的一切都成了过眼云烟，而我也被人们遗弃在这废墟中了。"

这个世界既没有后悔药，也不存在预言家，只有当下才真真正正地握在我们手中，只有把握住当下，才能对得起过去，才能赢得未来。

你不妨试着回想一下自己已经走过的人生：你的童年快乐吗？除了每天为考入重点中学努力拼搏外，你的青春灿烂吗？除了拼命挤进一流大学外，你的生活精彩吗？除了为毕业能有一份好工作而奔波，你的头脑充实吗？除了为结婚攒钱买房……

其实，这正是大多数人的人生写照。除了尚不记事的幼儿时代，我们整个人生似乎都在为生存奔波，为未来做准备，一心一意地勾画美好的蓝图，却忘了“活在当下”。我们总是活得很匆忙，急着赶赴下一个目标，却独独忘记了目标的实现必须依靠当下的力量。

我们总以为“等到有了大房子”“等到有了更多的钱”“等到结婚生子”“等到孩子长大”……等到这一切都实现，我们就会活得轻松自在。但是，人的欲望是无穷无尽的，此刻的你觉得不满足，以后也永远不会觉得满足。因为真正的满足不在以后，而是在当下。那些你想拥有的快乐和幸福不必等到以后，只要你关注当下、活在当下，你就能拥有。

聪明的人既不会过度沉浸在失去的悲伤里，亦不会过度沉迷于对将来的幻想中，因为他们懂得这会让自己忽视今天，浪费掉现在的美好时光；因为他们懂得，把握当下，便可创造幸福。

心中开花，是何其美好

当潘多拉打开她的盒子时，灾难便降临到了每个人身上。而只有那些和希望相遇的人才能看到生活的美好，才能耐心地在黑暗中等待阳光的降临。在心中种下一朵希望之花吧，当花朵开放时，生命也会因此而绽放。

在美国，有一位女作家在路边遇到一位行乞的老妇人。她虽然衣衫褴褛，但是精神却很好，始终微笑着面对每一个从她身边经过的人。

女作家被老妇人的快乐感染，不由得蹲下来，问道：“您看起来很高兴？”老妇人笑着说：“为什么不呢？一切都是这么美好。耶稣在星期五的晚上被钉到十字架上，但是3天之后就是复活节了，一切又都恢复正常。所以，无论情况多么糟糕，都会过去的。当我遭遇不幸的时候，我都会满怀希望地等待第二天的到来。”

在我们的人生中，总有一些事是我们无法预料、无能为力的。但是，只要我们不放弃希望，明天依然是崭新的一天。希望是智慧女神送给我们的最美好的礼物，只要抱有希望，生命便不会枯萎。

有一位年轻的母亲，不幸患上了癌症，可是她可爱的女儿蕊蕊才4岁。4岁的孩子正是需要母爱的时候，她不敢想象女儿失去她后的情景。她试探地问女儿：“要是妈妈不见了，蕊蕊会怎么办呢？”

女儿想也没想地说：“妈妈怎么会不见呢？要是妈妈不见了，蕊蕊就会哭，妈妈听到蕊蕊哭了，就一定要出来啊。”

她扭过头拭了拭眼角的泪水，然后笑着对女儿说：“蕊蕊是最坚强的，对不对？”

女儿若有所思地点点头。然后她装作很神秘的样子，悄悄地和女儿说：“蕊蕊，妈妈要告诉你一个秘密，你千万不要告诉别人哦。”

即将知道一个秘密让4岁的女儿非常兴奋，她郑重地点点头，然后说：“妈妈，你快说吧，秘密是什么？”

“妈妈可能要离开蕊蕊了……”

还没等她说完，女儿就打断了她的话：“妈妈要去哪里？蕊蕊不让妈妈走。”“妈妈要去天堂，因为天堂里有一个很大很大的花园，没有人打理，已经很久很久都没有开花了。所以上帝就派妈妈去种花，蕊蕊不是最喜欢花吗？”

“是这样啊！”女儿认真地想了想，说，“那蕊蕊和妈妈一起去，蕊蕊也会种花。”

“可是，天堂不准小孩子去怎么办呢？”她故作为难的样子，“蕊蕊现在还是小孩，等你长大了，长到比妈妈还要大好多好多的时候，才可以去哦。”

“那，妈妈会等着蕊蕊吗？”

“会呀！妈妈会一直等着蕊蕊。妈妈会在天堂种好多好多漂亮的花，等着蕊蕊去看。但是蕊蕊得答应妈妈，妈妈走后，蕊蕊不能哭，要坚强，这样蕊蕊才能快快长大，知道吗？”

“可是，蕊蕊想妈妈了怎么办呢？”

“蕊蕊想妈妈了就去看看花，每一朵花都是妈妈送给蕊蕊的礼物哦！”

女儿高兴地点了点头。

不久之后，她安静地离开了这个世界。她的女儿蕊蕊站在许多许多的鲜花前微笑，因为她坚信妈妈是去天堂种花了，这些花都是妈妈送给她的礼物。从那之后，每当她想妈妈的时候就会去看一看鲜花，和鲜花诉说自己对妈妈的思念。后来，每当想起妈妈，她的心底都会开出一朵花，她开心地想，那一定是妈妈刚刚种出的鲜花。

许多年过去了，小蕊蕊已经长大。她明白了死亡，她知道妈妈再也不会回到她身边了。可是，那些灿烂的花朵开满了她的心房，她没有悲伤，她相信妈妈的爱从来没有离开过她。每当她遇到困难和挫折的时候，她都会悄悄地在心中开出一朵花，在芬芳的花香中静静地等待，等待希望的到来。

你的成功，跟他的折磨有关

向我们提出最多苛刻要求的人，不见得就是对我们心存敌意，也可能是对我们满怀期望。因此，每当有人向我们提出了不合理的要求，给我们造成了额外的困难时，不妨用宽容的心去感谢他，感谢他愿意花费精力和时间来帮助我们变得更好、更完善。

曾经有一座寺庙，规模宏大，香火旺盛。这一年，寺里决定再雕刻一尊更大的佛像，西天如来就派了一位罗汉来到人间，这位罗汉最擅长雕刻佛像。

罗汉到了庙前，从一堆石料中选择了一块看起来材质很不错的石头开始雕刻，可是当他拿起凿子刚刚凿了几下，这块石头就受不了了，大喊着：“疼死我了！疼死我了！快停下！”罗汉摇了摇头，劝说道：“只有经过了这番雕刻，你才能变成佛像，忍一忍，马上就过去了。”说完就继续开始雕刻。

可是没凿几下，石头又开始大喊："快停下吧！实在太疼了！"这样喊了一会儿后，罗汉听得心烦不已，于是按照石头的意愿停止了雕刻，丢开了它，找了另外一块资质较差的石头重新雕刻。

这块资质较差的石头知道自己的天生条件并不好，能被选中分外感激，所以不论罗汉怎么在它身上敲敲打打，它都始终默不作声地忍着，咬牙撑了下来。几天之后，石头变成了一尊高大庄严的佛像。大家对罗汉的技艺赞叹不已，把这尊佛像恭恭敬敬地放在了神坛上，从此开始香火供奉。

原来那块资质较好的石头呢？因为不肯接受琢磨，只好被用来铺了路，日日被脚踏车碾。它看到佛像高高在上，心里非常不平，质问佛祖说："那块石头明明资质条件比我差多了，凭什么它高高在上，我就要被人践踏呢？这太不公平了！"佛祖淡淡地笑了，回答说："它的条件确实不如你，但那份荣耀来自当初一锤一凿的折磨和痛苦，既然你不能承受那些折磨，那么就只好安于你现在的命运了。"

是啊，我们每个人其实都是一块普通的石头，也许有人天生条件较好，但是最终决定我们命运的，不是那条件，而是我们是否有能力、有胸怀承受社会及他人带给我们的折磨和打击。

乔治是一名厨师，在纽约郊外一家著名的度假村工作。这是一个周末，正是一天最忙碌的时候，一个服务生端着一盘炸马铃薯回到了厨房，对乔治说："这是一位客人点的，可是他说马铃薯切得太厚了，他吃不下。”

乔治看了看盘里的炸马铃薯，这和自己以往做的并没有什么不同，别的饭店也是这么切的，从来没听人说过太厚了。不过作为厨师，他还是重新切了一盘比较薄的马铃薯片炸好了让服务生送了出去。

可是没过一会儿，服务生又端着盘子回来了，愤愤不平地说：“这个客人简直不可理喻！我看他一定是在别处受了什么气，所以到我们餐厅来发火。他还是嫌马铃薯切得太厚了，要求再重新做一份！”

这时正是最忙的时候，乔治自己也很不高兴，可是仔细想了想，还是叹了口气，又重新切了一份非常薄的、几乎透明的马铃薯片，然后炸好送了出去。服务生很快又回来了，这次他的手里并没有盘子，而是兴高采烈地说：“那位客人终于满意了，他说他从来没吃过这么好吃的炸马铃薯，要求再来一盘，周围的其他客人也都想要一盘！”

就这样，乔治的炸马铃薯成了这家度假村的特色招牌食品，远近闻名。名声慢慢地流传开来后，终于发展成为今天我们在世界各地都能见到，并且广受欢迎的一种休闲食品。

就像乔治一样，当看似不合理的责难向我们迎面袭来时，如果我们能够在此刻保持冷静，愿意去继续尝试，往往就能从这些责难中找到一条通向成功的大道。

成功不是靠一己之力

人生在世，谁不常常会遇到各种小困难？当我们为别人付出的时候，不必心怀不满渴望回报，而应该微笑地点点头。只有这样，当我们需要帮助的时候，才能够微笑地看到别人主动前来帮忙，而不必低声下气地寻求帮助。

一只蚂蚁无法搬动一只大甲虫，一朵花也不能点缀整个春天。

同样地，单靠一个人也不能做完所有的事——我们需要他人，他人也需要我们。

那些笑傲江湖的独行侠虽然看起来孤高风光，但是怎及得上交遍天下的一个无名小卒那样快乐适意。

从前，有两户人家紧挨着住在村里的一座山坡下，一户姓白，一户姓赵。

姓白的人家人口比较多，在一个冬天家里什么吃的都没有了，孩子们饿得直哭，姓赵的邻居实在看不下去，就拿出了自己家的部分存粮送给了白家。

可是第二年春天大雪，饥荒更加严重，赵家缺少粮食，小女儿竟然饿死了。

村里人听说了，都摇摇头叹息说赵家对白家真是有天大的恩情，将来白家不知道要怎么才能回报得起。

可是白家的生活一直不好，没什么能回报邻居的，而赵家也从来不提起这件事，两家人还是像以往那样淡淡地交往着。

白家的男人很喜欢种树，在自己院子的里里外外都种满了树，连邻居赵家的屋后也种了很多，两家房子后面的山坡上都是几年来他种下的树。

村里人本以为这些树能卖些钱，可是那些树长得并不好，大部分都是歪的。白家的男人每次到赵家做客，都会说，这些树看来是成不了材了。但是树是两家的，赵家想砍随时可以砍去。赵家人总是笑着点点头，也没有去砍树。

这一年夏天，山里忽然连着下了几天大雨，发起了山洪，好多地方山体滑坡，村里有一大半的房子被埋在了土里，那些住在山边的人家几乎家家都损失了好几口人，只有白家和赵家后面的山坡始终无恙。

后来当救援队到达时，专家们说，这多亏了山上那一坡歪脖子树啊！

当我们能够给予别人帮助的时候，不要吝啬，也不要急着得到回报，也许有一天，生活会以另一种方式来回馈我们的善意。那些看似微不足道的一棵棵小树，说不定什么时候就会成为救命树。

在韩国北部的一个柿子园里，每年秋天果农采摘柿子时都会留下最顶上的一部分柿子，到了冬天红彤彤的柿子在枝上分外耀眼。

路过的游人都很奇怪，那些柿子看起来又红又大，为什么没人摘呢？一问才知道，原来是果农留给喜鹊吃的，这里面还有一个动人的故事。

这附近的喜鹊很多，都喜欢在柿子树的高处筑巢过冬。有一年冬天雪特别大，连着一个多月没化，结果那些喜鹊一直找不到食物，竟然有一大半都被冻死了。

第二年春天，当柿子树重新开花结果时，一种果农们以前从来没放在眼里的小毛毛虫竟然泛滥成灾，把刚刚结出来的柿子都吃光了，还没到秋天，果园里就连一个柿子也没剩下了。

这时，人们才想起往年这里喜鹊很多，原来是它们吃了那些害人的虫子。

从此以后，每年秋天收获时，人们都会在树顶上留下一小部分柿子。

果然，喜鹊们为这些柿子所吸引，大多会留下筑巢过冬，来年春天就会帮着吃掉柿子树上的那些虫子，为果农们保证了这一年的丰收。

果农为喜鹊留下了冬天的救命粮，喜鹊就能为果农做春天的捉虫手。

的确，当我们为别人留下余地的时候，也就是在给自己留下一条路，因为没有人能单独成功，谁都会有需要别人的时候。

一天晚上，我有点急事要去郊区的同事家。下了公交车，为了赶时间便抄了一条小路过去。可是小路上因为没有路灯黑漆漆的，天上又没有月亮，我越走越害怕，可是已经走出了这么远，总不能再折回去，我只好壮着胆子继续前行。

又走了没几步，拐过弯发现前面有人打着手电筒在走，我心里一喜，赶了几步走过去，借着光亮这才看清楚，原来对方竟然是个拿着手杖探路前行的盲人，一只手用手杖敲着地面，一只手拿着手电筒。我小心地上前打了个招呼，忍不住问："您既然看不见，要手电筒干吗？"

那位盲人慢慢地说："呵呵，其实很简单啊，我不是给自己照路，而是打着手电筒，别人一眼就能看到我，就不会轻易撞到我了。而且如果前面有什么沟啊坎啊，他们也会扶我一把。"

他一边说，一边继续"嗒嗒"地敲着地面慢慢走着。我一句话也没再说，只是每当遇到前面有拐弯、有障碍时，都会小心地扶他一把。很快到了我要去的地方，我想说句"谢谢"，可是怎么也说不出口，最后远远地喊了声："您好走。"

这位盲人虽然看不见，心却比谁都光亮。这个故事也提醒我们，在前行的时候，不妨也为别人点上一盏灯。

请感谢你眼前的磨难吧

有句话说得好：苦难是一所大学。是啊，只有在困难和挫折中，我们才能得到更多学习和进步的机会。因此，不妨将我们面前的每一次伤痛和困境，都看作一次难得的机会。战胜它并不容易，但是那收获也定然非同一般。

西绪弗斯是美国的一位登山家，在他把登山作为事业和使命的10年间，他成功地挑战了世界上著名的几大高峰，最后，他把目光转向了世界第一高峰——珠穆朗玛峰。

当他已经登上珠穆朗玛峰6000米高度时，却再也难以前进一步。医生告诉他，他的心脏将难以支撑下去，他必须放弃，否则只有死路一条。看着遥远的雪峰，西绪弗斯心中充满了伤痛和遗憾，他毫无办法，只能选择离开这里。

就在他准备回国的时候，珠峰脚下的乡村吸引了他的注意力。他发现那里竟然连一所小学也没有，四处游荡的孩子们好奇而又懵懂地看着各地的登山家们来来往往，知识贫瘠得可怜。西绪弗斯心中生出了一个念头：自己这辈子显然再也无法登上珠峰了，而登山的事业也就此告终了，那么我为什么不为这些孩子做点什么呢?

于是，回国后的西绪弗斯开始在世界各地演讲并且筹集资金，然后返回到珠峰脚下，在那些贫穷的山村里建立起一所所学校。十几年来，西绪弗斯通过自己的努力，已经使上万名孩子获得了接受基础教育的机会。

回想起当年的事情，西绪弗斯笑着说："我很庆幸自己当年没有登上珠穆朗玛峰，不然，我绝不会想到要去为这些贫困的孩子做点更有意义的事情。当我看到山脚下的人们时，才发现，原来成功不一定就是登上峰顶，也可以是另外一种样子。"

每一处困境，都有它正面的价值，但是这价值不会摆在那里让我们一眼就看到，而是需要耐心地寻找，那么我们为什么不低头找一找呢?

史蒂芬是内华达州一家材料厂的员工。这天黄昏，一直晴朗的天忽然下起了大雨，材料厂的工作进度受到了影响。直到天黑，工厂里仍然保持着紧张的节奏，一批批工人冒着大雨将新到的货物搬进仓库中。

货物如果进水就会报废，作为仓库管理员的史蒂芬非常紧张，他既要抓紧时间抢着帮忙搬东西，还要清点货物的数量，每项工作都不能有任何差错，都需要被完整清晰地记录在案。

然而就在又一批货物被运进来的时候，史蒂芬发现自己的笔写不出字来了，不管他怎么用力，始终写不出一个字来。货物不断地运进来，史蒂芬急得如同热锅上的蚂蚁，如果这里记录有误，自己的工作就将不保，因为他本来应该为自己准备备用笔的。

就在这时，焦急的史蒂芬听到远处指挥搬运的老板大喊着："记下来没有？"就在这一瞬间，一个主意从他脑中冒了出来，他也大声回答："记下来了！"然后使劲将尖锐的笔尖刺进了手心里，就着红色的鲜血在记录本上写下了数字。第二天，史蒂芬将这些数字输入了电脑，顺利地完成了这次货物交接。

不久，公司老板听说了这件事，对史蒂芬的做法非常满意，于是将他提升为仓库管理部门的主管。多年以后，早已位居公司高管职位的史蒂芬还经常把那张用血写成的收货单拿给自己的儿女们看，对他们说："我一直留着它，就是要提醒自己，过去曾经有过这样艰苦的时刻，可是它也成就了我。"

当身陷困境、求助无门的时候，是应该哭泣，还是应该抱怨？哭泣、抱怨完了之后，事情又能改善多少呢？不如擦干眼泪，尽己所能地面对事实吧！相信不论看起来多么艰难的问题，我们总会找到解决的办法，而这一困境迟早会变成我们记忆中的一笔财富。

金钱和尊严，你怎么选

用豁达的心面对世界，相信我们的心是坚强的，那种自信和坦然，比起四处紧张地维护自己的尊严，才是更加令人敬服的态度；用谨慎仁爱的心对别人，相信别人的心是脆弱的，懂得维护别人的尊严，比起给他们金钱，更能赢得感激。

我们的生活固然都是靠自己的劳动维持的。可是世上也总是有那么一些时候，接受一些钱看起来仿佛是侮辱，因为它们看起来像是施舍，而只有叫花子才接受施舍。

古往今来，在金钱和尊严之间发生过太多的故事。其实，有时候我们只是需要换种态度而已。

大度地面对生活，我们才会没那么容易受伤，不要为了一些小钱而自觉受辱，该是我们应得的，不妨坦然接受。

在从莫斯科到克拉皮文的路途中，有不少流浪者和徒步旅行的人，旅行者中有一个看起来很普通的人，背着一个很大的背包，和几个流浪者结伴而行。

谁也不认识这位旅行者，只知道他常常会经过这段大概需要5天左右的路程。

旅行者们的食宿是很随便的：有时就在农家借宿，有时会在沿途火车站的候车室里歇息。

这一天，这位旅行者经过一个小车站，打算到候车室里休息一小会儿。可是恰逢旅客进站上车，候车室里人很多，他就信步走到了月台上，在墙边的长椅上坐了下来。

正在这时，车上的一位女士对他使劲招手喊道：“老头！老头！”

他转过身去，看见那位女士一脸急切的神情，于是走了过去，问道：“夫人，您有什么需要帮助的吗？”

坐在火车上的女士急匆匆地说：“我的手提包落在候车室洗手间了，我怕火车开走不敢下去取，麻烦你快去帮我取来！”

旅行者听了，马上转身小跑到洗手间里把那个手提包拿了出来，递给那位女士。

女士很感激，找出一枚5戈比硬币递给了旅行者。旅行者微笑了一下接过了钱，转身便要离开。

这时，火车里另一位男士看着旅行者忽然叫了起来：“天哪！这不是托尔斯泰吗？是《战争与和平》的作者啊！这位夫人，你竟然给了伟大的托尔斯泰一枚硬币！”

那位女士愣住了，然后满脸通红地向正在走远的旅行者托尔斯泰喊道：“天啊，请您原谅我的无知，您把那枚硬币还给我吧！我不知道您是托尔斯泰，唉，真是对不起，我竟然这样对待您这样伟大的作家。”

托尔斯泰转过身，笑着说：“这5戈比是我用自己的劳动换来的，所以我收下了。您又没有做错什么，何必如此不安呢？”

这时，火车缓缓前进了。那位女士仍然一脸羞愧地要求托尔斯泰归还那枚硬币，而托尔斯泰却站在远处，笑着目送火车渐渐开远。

故事里的这5戈比，到底是一种羞辱，还是一种尊重，给出的人和拿到的人感觉完全不同，这只是想法不同罢了，在托尔斯泰眼里，他付出自己的劳动获得这些赏钱是很合理的，他并没有觉得受到了侮辱。

这份坚持让我们看到了一位伟人宽容的生活态度，这种态度难道不值得学习吗？

这一年初冬时，格林太太一家搬到了纽约。格林太太很快就为两个孩子办理了入学手续，让他们在一所公立小学里继续读书。

进入冬天后，纽约的天气坏透了，几乎每隔几天就有一场暴风雪，有那么几天，道路上的积雪有几尺厚，很多单位都暂时歇业了。可是格林太太的孩子所就读的小学却始终正常上课，每天早晚接送孩子的校车都会很慢地在积满雪的路上行驶。

很多家长都很不理解，格林太太也是。于是她给学校打电话，提出暂时停课的建议，认为在这样恶劣的天气里，实在没有必要把孩子们大老远拉到学校再拉回来。

可是学校的解释却让格林太太愣住了。学校管理人员说：“您可能知道，纽约的贫富分化比较严重，在这样严寒的冬天，有钱人可以过得很好，可是穷人们是很艰难的。据我们所知，很多贫困的家庭冬天是用不起暖气的，我们把孩子们接来学校，不但可以让他们温暖地在这里过一整天，还可以让他们吃到一顿丰盛的免费午餐。”

听到这个回答，格林太太沉默了。可是她又接着说：“那么你们为什么不让那些家庭条件比较好的学生停课呢？只把贫困的学生接到学校好了。”

管理人员淡淡地回答道：“不，格林太太，我们不能一边帮助那些贫困的孩子，却在另一边践踏他们的尊严。”

这个回答让格林太太感动不已。当她和人谈起这件事的时候，总是说，没想到她在人到中年的时候，仍然从小学里学到了重要的一课。

是啊，当我们有能力并且愿意去帮助别人时，千万不要因此自觉高人一等，因为那种居高临下的态度所带来的伤害，是无论多少帮助都无法弥补的，徒然使你的帮助显得廉价且毫无意义。

缺乏尊重，是缺乏自信

尊重能改变陌生人的冷面孔，尊重能浇开朋友间的情谊之花，尊重能得到亲人间的亲密信任。难道不是吗？在生活中，那个一直愿意尊重我们意见的人，不是我们最喜欢的人吗？而用同样的方法，我们也可以成为被别人喜欢的人。

这个世界讲究个性，讲究张扬，我们可以独树一帜做我们自己，也可以特立独行无视他人的眼光。但是不论做什么，我们都要保证不侵犯别人的底线，都要以尊重为前提。因为尊重就像一颗弹力球，你用多大的力量扔出去，它就能用多大的力量弹回来——尊重他人，就等于尊重我们自己。

尊重就像一座桥，它连接着两个人的心，让他们看到彼此的诚意，让他们坦诚以对。

不论是对陌生人、朋友、同事还是对家人，尊重都是人际关系中的第一道招牌。

在美国的印第安保护区里，有一个原始部落。这个部落有个传统，那就是所有人都是赤身裸体地在一起活动，从来不穿衣服。因为这个习俗，这个部落的人遭到了外人一致的嘲笑和冷眼，然而他们始终坚持着自己的传统，不愿意改变。

这一年，部落里流行瘟疫，几乎全族人都被感染了。于是他们派人到最近的城镇里找到了一位年迈的名医，请求他到部落里来为族人们治病。

医生非常为难，然而部落里的几百口人等着自己救命，几经犹豫之后，医生还是答应了。

听说这位知名的医生答应前来，部落里的人召开了会议，讨论过后，他们决定尊重医生的习惯，所有人都穿起衣服，在大厅里等着。

就在医生走进厅里的时候，所有人都惊呆了，因为这位白发苍苍的医生背着沉重的医疗箱，浑身一丝不挂！

瞬间，整个部落的人，眼睛里都涌出了泪花。

故事里的医生和原住民都记着尊重对方。是啊，在生活中，还有什么比一个人出于理解和尊重而主动去迁就对方更加美好呢？

在她13岁生日那天，妈妈把她叫进了她的房间，然后拍拍身边的椅子让她坐下，微笑着对她说：“安妮，今天你13岁了，我想和你好好谈一谈。”

她愣了一下，坐下来，妈妈继续说：“这13年来，我尽量每件事都和你讲清楚道理，让你自己判断是非，你觉得你现在有分辨是非的能力了吗？”

她收起了嬉皮笑脸，认真地回答说：“是的，我相信我有这个能力。”

妈妈看着她的眼睛说：“那么从今天起，就到了该你自己做决定的时候了。以后你要和什么人交朋友，要什么时候写作业，要什么时候起床、睡觉，所有你自己的事情，你都可以自己拿主意，我不会再为你做决定了。”

她吓了一跳：“妈妈，我做错什么事了吗？你生气了才这么说的，对吗？”

妈妈笑了起来，抱了抱她，然后说：“不，宝贝，我是要让你学会自己做主，很多年轻人走上社会的时候都会犯错，他们大部分是因为从小被父母管教惯了，忽然失去了指导的缘故。所以，我希望你早一点学会自己做决定，因为你现在还小，我还在你身边，一旦你犯了错误，我还可以帮助你。”

她呆呆地看着妈妈，心里想着：今后我可以想干什么就干什么了，我能尽情去参加各种聚会了，也没人催我写作业了，这简直是太好了！

妈妈看着她脸上兴奋的表情，又笑了，然后拍拍她的肩膀说：“可是你要记住，这是一种自由，也是一种责任，我尊重你的选择，但是你也要为自己的选择负责，我们都会看着你的。”

她的13岁生日就这样结束了，这番谈话是她这一生收到的最好的生日礼物。她明白了，妈妈并没有离开她的生活，只是早早给了她翅膀，让她为未来的飞翔做好准备。

在之后的几年里，她有时会出门几天，有时会去参加聚会，偶然也会熬夜，还有一段时间成绩下滑。妈妈从来没有责备过她，只是静静地在旁边说：“你上大学的机会正在减少。”

有时还会问她：“你今天聚会的这些朋友，你觉得他们10年以后会做什么呢？而你希望你那时在做什么呢？”

这些话总是马上就让她明白，她已经渐渐偏离了原路，她应该做一些事来弥补自己犯下的过失。

就这样，她做着自己的决定。一年又一年，渐渐地越走越好，而妈妈总是在身边微笑地看着她，有时用小小的建议来帮她修正过错。

对妈妈，她从来也没有感到过叛逆。事实上，她们比其他任何一对母女都更加亲密。

是啊，如果每个家庭中的父母都能这样尊重自己的孩子，而不是指指点点发出各种命令，那么两代人的关系也许也能像故事里的母女一样。

让孩子们从小就能懂得什么是爱，什么是责任，什么是经验，什么是尊重，这重要无比。

快乐也需要点滴积累

也许我们并没有生活在社会的底层，可是人生在世，总免不了有那么一些时候，身处人群中感到自己是沧海一粟，感到自己前无出路、后无保障。那时，不妨对自己做个鬼脸，也许就是这么一下子的轻松，能带来截然不同的心情。

那开在荒凉戈壁滩上的小花有自己的美丽和灿烂，那破旧天桥下露宿的拾荒老人也有自己的欣喜和安慰。并不是每一个生活在糟糕处境中的人都会怨天尤人、自暴自弃，因为就算活在人群的缝隙里，我们也能感受到生命赐予的美好，找到人生的乐趣。

20世纪80年代，她作为一名考察队员来到了中国，在野外进行野生动物的考察编目。考察结束后，队友琼提议她们去附近的乡下走走，她欣然同意。于是她们拿着地图出发了。

一天后，当她们经过一片可怕的热带雨林，终于到达了海滩时，发现这里异常荒凉，只在远处有一座小小的村落和几间木屋。走近村落，她们发现这里和中国的大部分农村一样，低矮的房子既能住人又能做饭，院子就是一个小型动物园，门前的笼子里还装着几条蠕动的蛇。

屋子的女主人是一位70多岁的老妇人，还有一位年轻点的妇女。她们不一会儿就端出很多饭菜。老妇人说这是她30多年来第二次见到西方人，然后渐渐回忆起了往事。

老妇人的父亲原来是一名外交官，她的童年差不多是和父母一起在世界各地度过的，她曾经参加过很多社交聚会，说起那些聚会，她的眼中发出光彩，对那种生活怀念不已。

然而当她长大结婚以后没过多久，中国就爆发了战争，她在战争中失去了丈夫，辗转流落到一座海岛边，一住就是几十年。她依靠为附近的渔船和来往的客人做点饭偶然也抓几只野兽艰难度日。

听完了老妇人的故事，她不由得问："你不感到遗憾吗？"老妇人看了看她，笑着说："是有一点遗憾，当初没来得及学会跳华尔兹。"

这个回答大大出乎她们的意料，她一时说不出话来，过了很久才说："那你现在还想学吗？"

老妇人兴奋地点点头，苍老的脸上仿佛发出光彩来，说道："你们一进门的时候，我就想起了舞会上那些跳着华尔兹的外国女子。"

于是她哼着圆舞曲，开始教老妇人跳舞。老妇人常常踩到她的脚，可是没过多久，她们就能跳得非常流畅了，琼也开始合唱，一支歌接着一支歌。老妇人宽大的裤子被风兜起来，就像裙子一样旋转着，脸上洋溢着说不出的青春和快乐，仿佛又变回当年那个幸福的小姑娘。

她们拍了很多照片，然后恋恋不舍地离开了，回到了考察队。

回国后的几年中，她遭受了几次沉重的打击：和丈夫离婚，失去了亲爱的母亲，丢掉了工作，不得已搬到了另一座遥远陌生的城市。可是她终于还是坚持了下来。

她把她和那位中国海岛上老妇人的合影放在自己房间最显眼的地方，每当觉得自己难以坚持下去的时候，她都会想起那破旧房间中快乐的华尔兹，她提醒着我什么是坚强和勇气。

在她们看来，这位老妇人每当回想起当年的优裕繁华时，心中一定充满了种种不甘和遗憾。可是事实上，令她遗憾的仅仅是没有来得及学会跳一支舞而已，如果她们是这位老妇人，她们也能做到这样释然吗？也许不能，但是她们可以学着去看淡痛苦、寻找美丽。

这一天午饭刚过，吃了饭回来上班的人们又站了满满一电梯，这时一个个子高高的年轻男人快步跑了过来，几步挤上了电梯。没想到就在他刚站好的时候，电梯警报就“嘀”的一声响了起来，电梯里的人谁也没说话，只是冷冷地看着这个男人，等着他自己主动出去，这种事大家都很习惯了。

可是这个高个子男人退出电梯后，却不肯放弃。只见他深呼吸了一下，然后弯下腰，就像一个蹑手蹑脚的小偷一样轻轻抬起一只脚，然后慢慢地放进了电梯里，顿了一下，又抬起了另一只脚，高高抬起然后小心翼翼地放下，缓缓直起腰来，眼睛斜瞅着警报器，支起耳朵一脸紧张地听着。众人也不由得被他这样的表情吸引，心里都跟着紧张起来，一起听着警报器。

过了一小会儿，警报器始终没有响，那男子终于放下心来，舒展开眉头一脸喜色，对着周围的几个人挤眉弄眼地使了个眼色，就像中了什么大奖一样兴高采烈地按下了关门的按钮，然后大声说："关门，走喽！"

电梯里的人被他逗得都轻声笑了起来，一时间气氛轻松友好，小小的电梯里充满了笑声。大家的脸上再也没有原来的那种略带敌意的冷漠了，而是都带着一丝微笑。在出电梯的时候，好几个人甚至还彼此笑着点了点头。

每个生活在城市里的人都避免不了要经常甚至天天乘坐电梯，和许多陌生人挤在一个狭窄的空间里一定会感到不适，可是为什么我们一定要把别人看作造成我们不适的原因而冷脸相对呢？把他们想成一起遇难的兄弟，从而找点乐子出来，不是更加轻松的选择吗？

每个人的心都是柔软的

世界上没那么多坏人，也绝没有一个人是因为坏而坏的。因此，不论面对怎样的人，假如我们能够以欣赏和宽容的目光来看待对方，就相当于在给他一个机会重新选择。是啊，人心都是肉长的，用真心去看别人，别人就会用真心回报你。

每个人的心中都有一个角落，里面深藏着人心底最珍贵、最美好的情感，它使我们善良高贵，它使我们始终不失方向。铁石心肠是不存在的，再冷酷无情的表面，背后也有着不为人知的脆弱和渴望，只要我们懂得绕过眼前的大山，就总会见到山后美丽的花园。

当我们面对情绪让人捉摸不定的陌生人时，我们的态度常常会直接决定着对方的反应。在那种时候，你把他当作英雄，他就多半会做一个英雄，而你把他当成歹徒，他也很可能就会成为一个歹徒。

一天黄昏时，鲁兹太太正打算关了零售小店的门回家，一位年轻人快步走进店来，拿出50美元说要一杯牛奶和一个面包。一接到钱，鲁兹太太就知道那是一张假钞，她看了看年轻人，他衣着朴素、神情落魄，低垂着头。鲁兹太太淡淡地问：“您能换一张钱吗？”年轻人的脸一下子红起来，结结巴巴地说：“对不起，太太，我，我没有别的钱了，我只要一个面包就好了，我实在太饿了。”

鲁兹太太叹了口气，觉得这位年轻人还没有完全丧失羞耻感，大声呵斥他也许并不是个好主意，于是很快地给他找了零钱。正当年轻人拿着零钱要离开的时候，鲁兹太太忽然捂着胸口大叫了一声，然后坐在了地上，年轻人连忙上前扶起她，鲁兹太太将刚才那50美元放在他手里喘着气说：“我的心脏病犯了，麻烦你到对面的药店里帮我买点药，就说鲁兹太太病了，他知道该给你什么药。”

年轻人拿起钱就转身出去了，鲁兹太太动作利索地站起来拿起电话打到对面的药店里，那是她的朋友开的。她迅速说：“如果有位年轻人来替我买药的话，给他开三四十美元的药，他拿着一张50美元的假钞。”挂了电话以后，鲁兹太太默默地祈祷着，但愿这位年轻人还有着一颗善良的爱心，那么他就一定会回来的。很快，药店的朋友打电话回来说，年轻人已经拿到药了，他没有用假钞，鲁兹太太终于放心地长长吁了口气。

年轻人拿着药回来了，他并没有离开，而是细心地照顾了“生病”的鲁兹太太一整晚。第二天，为了感谢这位年轻人

“救了自己的命”，鲁兹太太将年轻人留在了自己的店里帮忙看店。

多年过去以后，那家小小的零售商店变成了超市，而且有了很多家子超市。那个年轻人，就是美国零售业大亨怀特。

鲁兹太太用自己的善良和宽厚，维护了怀特的自尊，将他从堕落的边缘拉了回来，终于成就了一位伟大的商人。是啊，如果我们也能多一点理解和包容，给别人多一次机会的话，也许，有很多坏事就不会发生了。

在女子监狱里有一个大名鼎鼎的犯人名叫赵光光，她幼时便父母双亡，在街上混吃混喝，学过几天拳脚，当过地痞，两次劳动改造过。这一次，赵光光又因为伤害罪被判入狱10年。进监狱的时候，她竟然兴致勃勃地高呼：这次一定要死在监狱里！人们都摇摇头说她是没救了。

当赵光光在监狱里第17次被关禁闭的时候，监狱领导决定为她换一个“妈妈型”的管教，于是将女管教王平调到了赵光光所在的中队。大家对领导的做法大摇其头，认为用爱心感化这一套对赵光光是完全没用的。

王平到了以后，马上就去禁闭室看赵光光。打开门发现她打着鼾在睡觉，王平在她身边坐了好久。赵光光终于睁开了眼睛，问：“王管教，你什么时候来的？”王平叹口气说：“刚来。”赵光光哈哈大笑着说：“骗人，我根本没睡！哈哈！”王平却没有像其他管教一样马上发怒，而是瞪了赵光光一眼，轻轻拧了她一把，就像一个慈爱的妈妈对自己调皮的女儿那样。

赵光光叹了口气坐了起来，说：“王管教，我知道你的好，不过你还是别管我了，我就这样了，你要是不离开，以后我闯出祸来，可别怪我！”

王平第二天就去了赵光光的家乡。因为她没亲人，所以王平只好挨家挨户地问有关她的事情。左右邻里说起赵光光，没有一句好话，都说她天生就是个坏胚子。只有一位老大妈偶然提到一句：光光上学的时候，好像还挺机灵的。于是王平又跑到赵光光上过三年小学的学校，打听到了她当年的班主任张老师。

张老师的年纪已经不小了，一听王平提起赵光光，这位头发花白的老太太竟然哭了起来。原来，赵光光在那3年里，一直是班长，是班里学习最好的孩子。就在她父母去世的那年，村里没人管她，她就没钱再来上课了。张老师找了她好几天以后，才在少林寺的景区里找到了蓬头垢面的赵光光。没想到赵光光当即跪下给她磕了几个头，说：“老师，您别管我了，我对不起您！”然后转身跑开了，之后张老师再也没找到她。

张老师拿出那三年班里拍的照片，有赵光光单人的，有作为班长带队的。王平看了后非常吃惊，原来赵光光还有这样的一面，于是她向张老师要了这些照片，跑到照相馆去，把它们放大了，然后把这十几张巨大的照片贴在管教室里，贴得满满的。

回到监狱，王平解除了赵光光的禁闭，带着她走进了管教室。一进管教室，看到这些照片，赵光光就愣住了，仔细看了很久，才认出这些就是自己。她颤抖地问："这，这是我吗？"王平慈爱地看着她说："孩子，这就是你啊，难道你不认得了吗？"赵光光又对着照片愣了很久，忽然蹲在地上，像个婴儿一样号啕大哭起来，一边哭一边用力打自己的脸。这还是赵光光这么多年以来，第一次在监狱里哭。

王平将她搂在怀里，慢慢抚摸着她的头发。赵光光终于开口说了实话：其实这些年，每次做坏事，她的心里都是很痛的。可是她怕别人笑话她，看不起她，她也不想被别人欺负，所以她只能变本加厉地做坏事，她好怕别人看透她……

渐渐地，止住了哭泣的赵光光脸上发出了从未有过的光彩，王平问："那你以后呢？"她抹抹眼泪扬起头，说："您放心，我要是下了决心，就一定是那个最好的！"

第二个月，赵光光就成了监狱里的大组长，在接下来的4年里，她立过9次大功，每年都是积极改造分子。在第5年结束后，她获得了假释。又过了10年，她成了"新生摄影总部"的老板，资产过千万，拥有8个连锁店，接连获得了"创业先锋"等各种荣誉称号。她的事迹一直被人们传为美谈。

不管什么人，都有自己的心灵世界，在那片世界里，一定有什么地方是柔软的，有时就连心灵的主人自己也不知道，但是当你触动了它时，就会瞬间发现它的美好和它那令人震惊的潜力。

Part 02

人生需要理想，万一实现了呢

想象儿时的梦想，是不是已经不再提起？面对现实的生活，是不是觉得儿时的“胡思乱想”太过幼稚？“压力山大”的生活，是不是让你已经不敢再有理想？给自己一些时间，重新拾起儿时的梦想，因为，万一有一天实现了呢？

02

做，是最靠谱的事情

行动了，你就有可能会成功；不行动，则注定要失败。命运面前，人人平等，积极地行动起来，人生才会因你的努力而变得不同。行动就是成功的法宝，迈出行动的第一步，成功便离你近了一步。

世界上有两种人：空想家和行动者。空想家们善于谈论、想象、渴望。可是，无论他们想得多么美好，那都只是梦而已，而非现实。行动者们，总是通过自己的付出和努力，把现实打造成梦的样子，也许没有梦想完美，但他们实实在在地拥有。

从前有一对兄弟，哥哥很聪明，弟弟就逊色很多。小时候大家都很喜欢哥哥，觉得他以后一定能成大器，而弟弟经常被人们忽略。随着时间的推移，兄弟俩长大了。哥哥带着一贯的骄傲，总说："我那么聪明，一定会成功！"弟弟听了这话，什么都不说，只是踏踏实实地努力着，用一点一滴的行动证明着自己，用功读书。后来，你猜结果怎么样？哥哥成了一名食品加工厂的普通工人，工资几百元，虽然他还是那样不可一世；而弟弟，考上了大学，用行动证明了自己，最后成为一家公司的副总，年薪几十万。

哥哥从来不用行动去追求成功，而弟弟虽然没有说，却一直在用行动证明着自己，结果不同也在情理之中，没人觉得诧异。

另外一个故事，是关于著名主持人何炅的。在整个大学期间，他用自己的行动取得了对自己至关重要的成功。

那时候，何炅选择的是阿拉伯语专业。对一个没有学过这门外语的人来说，学习这门外语真的没有任何窍门可以找，每一分进步都要付出相应的努力。何炅在心里坚定了一份信念——一定要用行动让自己获得成功。

何炅从小就接受美术、表演和演讲方面的训练。在大学入学后不久，学校学生会很快就注意到了他在宣传和文艺方面的才能，热情地向他发出邀请。何炅是多么高兴啊！可是毕竟要以学业为重，如果想在表演方面也有所收获，就要付出比别人更多的努力，双倍都不止。学习阿拉伯语真的没有任何窍门可以找，要学好只能努力努力再努力。夜里11点宿舍熄灯了同学们才放下书本去洗漱，而何炅这个时候才离开学生会的办公室，他的心里坚定了一份信念——一定要成功。

于是，他蹑手蹑脚地回到宿舍，点起一根蜡烛，在微弱的烛光下开着“夜车”，一学就是三四个小时，这样才能把用在学生会工作上的时间补回来。同学们对他的生活和学习状态惊讶极了，经常有同学一觉醒来，还看到何炅在烛光下卖力地读书，而这个时候只有使用“武力”才能将他赶回床上。

在1994年的一次高校小品比赛中，何炅不仅以行动获得了大家的认可，还获得了一次参加中央电视台大学生毕业晚会的机会。在那次晚会上，他的小品获得了一致好评，那一次，他见识到了一个更加广阔的世界，他感到，自己的成功就在不远处。从校园走向社会，何炅似乎比别人更快一步，可是这时候，他做出了一个艰难的决定——退出学生会，并且辞掉一切外界活动和主持人工作，专心学习。在北外学习的最后两年里，他从喧嚣归于平静，每天只出入宿舍、教室以及图书馆。他心里明白，每一次的行动，都为了实现不同的目标。这一次，他想要获得学习的乐趣。

1997年毕业的时候，何炅凭借优异的专业成绩顺利留校担任教师。那一刻，他的喜悦油然而生，他知道，他为大学生活画上了一个完美的句号。

生活中，很多人都有做白日梦的习惯，然而美梦终归是要醒的，沉醉于空想之中会让人生由逃避现实到与现实脱节，最后一事无成。请记住，在人生路上，我们不仅需要一对幻想的翅膀，更需要有一双踏踏实实的脚！

行动是成功的法宝，积极行动起来，是战胜困难和挫折的最佳方式。生活的态度决定命运，是喜是悲，就让我们用行动来证明吧！

不要害怕失败，从容解决

生活中已有太多繁杂琐碎的事情，若能做到从容面对，是不是就能多几分心情来享受灵动的生命呢？因为云的从容，从天而落的雨才会那样美丽；因为你的从容，生活的色彩才会更加缤纷。

有一首歌这样唱道：“曾经在幽幽暗暗反反复复中追问，才知道平平淡淡从从容容才是真。”

生活中，“从容”这两个字显得那样可贵。

从容是一种气度，一种坚韧，更是一种风范。从容面对人生，在一切困难来临的时候才能够临危不惧，也是因为从容地面对人生，才能在瞬息万变、诱惑四伏的现实空间举止自若。

人生是一组流动的风景，没有去，没有留，我们只能向前走。

有人患得患失，有人杞人忧天，有人从容淡定。若是你，你会选择哪种人生?

他们是4位20岁的青年，一起去银行贷款。银行答应贷给每人一笔巨额款项，但同时也提出了要求——50年内还清本息。

第一位青年这样想：我可以先玩25年，用剩下的25年努力工作偿还贷款。

结果，他到了70岁都一事无成，死的时候依然欠着银行的贷款。他的名字让人印象深刻——懒惰。

第二位青年这样想：我可以用前25年努力工作。于是他在45岁时还清了所有贷款，可是在那一天，他病倒了，不久离开了人世。

后人从他骨灰盒的小牌子上看到了他的名字——狂热。

第三位青年这样想：我一定要还贷款，在期限内还完。后来他还完了，他的名字叫——执着。

第四位青年没有想那么多，他工作了40年，在60岁的时候还清了全部债务，生命的最后10年他走遍全球。

70岁去世的那天，他面带微笑，大家都记住了他的名字——从容。

那个银行，名字就叫作“生命银行”。在生命面前，每个人选择不同的姿态面对，所以得到的结果也全然不同。

何必自寻烦恼，从从容容，才是睿智的活法。

14岁的时候，她从台南到了台北，她个子不高，眼睛偏小，还有一点婴儿肥，她一直穿黑色的运动裤，在一所女子高中里就读。

每天放学，附近中学的男生都会围在女中校门口，对每一个走过来的女生点评一番：

“哇，她好肥！”

“你看那眼睛，就像窗户的窗扇坏掉了，怎么也打不开！”

她一直低着头走路，手里紧紧地抓着自己的书包，可是学校门口这条路，怎么那么长呢？不然就是她心里的压力太大？

总之，她无法从容。每天上学，都是她最有压力的一件事情，所以她总是扭捏着不肯睁开眼，不要见到那些可恶的男生。她选择和那些比自己还要胖的女生一起走路，或者放学后迟迟不肯回家，要不就翻墙，反正面对校门的时候，她无法淡定。

然而，有一天，当她翻墙离开学校的时候，一个男生发现了她，并且顽皮地紧追不舍，一边跑一边起哄。她用尽全力往家跑，在奔跑的时候迎风流泪。

有一天，她问自己，是不是一生都要在这样犹如“尖刀”一样的日子中行走？那时候，她在自己的内心里做了一个决定。

一周之后，她和许多和她一样被嘲笑的女生一起出门，站在男校门口，看着男生们的样子，横加评论，然后高兴地看着那些男生红脸低头地从她面前匆匆走过。

这时候，她感觉到一种前所未有的轻松，就好像心里的大石头终于落地了。

可这只是一种“恃强凌弱”的报复，时间久了，便让人觉得无趣。她也这样觉得。于是，她不再去男校门口，也不去评论别人，内心变得很平静，虽然她不知道这种平静叫作什么。好像从那时候开始，她的青春才真正来临了，她觉得一切似乎都没那么糟。

后来，她长大了，掌管着一家规模不小的企业。她还是胖，但是这时候她笑着说自己是“富态”，她还是不那么美，但是她笑着说自己有“气质”。

每当有员工对工作有所抱怨时，她就会温和却又坚决地说：“逃避只会让压力更大，不如从容面对，做好工作以后，轻松地去度假！”

对于智者来说，一个决定足以改变一生。她就是从14岁那年开始知道，面对解决不了的事情，要从容，这是给自己减压的最好的方法。

爬山的人，就应该是一路风景一路歌。痛并快乐着，才是生活的本质。

我有一块“橙色口香糖”

人生的路很长很长，陪伴人一生的，不只是喜悦和感动，还有困苦和磨难，无论是艰难还是困苦，都别忘了，生命之芽总会在某个时刻重新破土而出，重获新生。而我们，需要怀着一颗坦然的心面对，然后乐观积极地重新开始。

小贺虽然坐在火车上，但是他并不知道火车的终点是哪里，也不知道自己要去哪里。这些对他来说都不是问题，问题是，他必须逃避现在的生活，离开家乡，因为他辛辛苦苦组建起来的公司倒闭了，相恋多年的女友也离开了。最郁闷的是最近一次体检，他得知自己患有严重的肾病……他曾经是那么的不可一世，甚至有些飞扬跋扈，可是现在，所有的骄傲都化为乌有，什么都没剩下。

在小贺的对面，是一对母女。妈妈很年轻，脸上挂着淡淡的微笑。女儿五六岁的样子。这个年纪的小孩子最好动，所以她一直在这节车厢里来回穿梭，跑个不停，累了就回到妈妈这里，瞪着好奇的眼睛盯着小贺看，然后笑着说：“叔叔好！”可是“叔叔”并不买账，他不想回应，也懒得回应。他这时候就只觉得心乱如麻。是的，一团乱麻。

妈妈告诉女儿，不准捣蛋，然后朝小贺充满歉意地微笑，并对小贺说道：“孩子小，好动，请不要介意。她的眼睛不行了，视力正在一天天衰退，我带她看了很多医生，都说孩子没希望了，所以，得趁她还能看见的时候，多看看这个世界的样子，多记记。”

小贺心里一震，问：“她以后怎么办？”年轻妈妈回答道：“以后再说以后吧，眼睛没了，不是还有耳朵吗，还有鼻子吗？日子，总得过下去吧！”她温柔地看着正在跑闹的小女儿。

小贺感觉到自己鼻子有些发酸，他盯着小女孩看，恰巧小女孩又跑累了，回来依偎在妈妈的身边。她手里举着不知道谁送的口香糖，然后快乐地大叫着：“叔叔，叔叔，这个，可以吹好大的泡泡，给你！”小贺掐灭手里的烟，接过口香糖。小女孩的目光充满期待，她盯着小贺将手里的口香糖糖纸剥开，然后放在嘴里。小女孩快乐地喊：“叔叔，吹泡泡！”

当口香糖和舌尖接触的那一刻，一股肆无忌惮的甜味蔓延开来，从他的嘴，他的喉咙，直到他的心。他慢慢地吹出一个泡泡，小女孩欢快地鼓掌，兴奋得手舞足蹈。小贺看到小女孩的样子，也由衷地笑了。

没多久，母女到站下车了。小女孩说“再见”的时候，也是一路蹦蹦跳跳的。小贺目送着母女走远，立刻买了一张返程车票。这一刻，他似乎悟出了什么，就算什么都没有了，他不是还有舌头吗？因为舌头在，他就能吃到口香糖，还能吹泡泡，这是多么美好的一件事情。

后来，小贺又“复活”了，公司开始重新运作，虽然规模和以前比起来稍显逊色，但是发展势头可谓十分迅猛。除了工作，他把大量的时间都投入到体育锻炼上。他积极地锻炼身体，跑步啊，打乒乓球啊，游泳啊。没多久，身体就变得很棒，什么肾病，好像从来就和他没关系似的。还有，不久之后，一个很优秀的女孩开始频频向小贺“暗送秋波”。他也在考虑自己的个人问题，同时还在考虑，怎么才能让自己的日子过得有声有色。

小贺回忆当初的那段经历，由衷地说：“要是当时我沉沦了，估计坟上的草都长得老高了！”他特别感激小女孩，她送给他的那块口香糖，掀开了生活的另一面。

卢梭说：“人有两次诞生。一是出现在这个世界的诞生，一是进入生活的诞生。”所以我们的人生应该是有两种选择的：“哭”或者“笑”。我们的第一次诞生已经不得已选择了“哭”，第二次的诞生难道还要让它继续吗？当然不，我们需要的人生永远都应该是充满欢笑的。虽然我们无法选择自己的出身，但是我们却可以选择自己的人生，唯有我们对生活笑的时候，生活才会对着我们笑。所以，无论如何，请微笑地活着吧，即使是苦涩的修行，也要笑着面对。

看到身体中的另一个自己

人的一生，总要遭遇各种各样的事情，塞翁失马，不见得是坏事，天上掉馅饼，不见得是好事，时常坐在自己的对立面看看自己，这样才能对一切坦然，不盲目。有了这份心情，人生才会过得有滋有味。

得意的时候，不妨回过头来想想当初的失意，这样，才能坦然面对人生。

很多时候，人们之所以偏执，之所以激进，就是因为视角狭窄，若能坐在自己的对立面看人生，甩开“狭隘”的枷锁，便会多几分难得的坦然。

坐在自己的对立面，这样才知道苦尽甘来；坐在自己的对立面，这样才知道否极泰来；坐在自己的对立面，才能更好地审视自己、认识自己，从而开始新的活法。

在11岁之前，安琪都是一个特别可爱的女孩，她像一个小天使，到处跑跳，把欢乐带给身边的每一个人。

那时候，她问妈妈：“我真的是天使吗？”

妈妈笑着回答：“是的，你是上天赐给我们的礼物！”

11岁那年，安琪患上一种危及神经系统的疾病，非常严重，她从此无法自如地行动。

每天，她都呆在床上，丝毫动弹不得，医生说，她已经没有了康复的可能，这辈子，也许都无法再走路，除非，她有超常的意志。

在旧金山的一家医院，安琪每天都会在这里做康复训练。在训练的过程中，安琪表现出了顽强的意志，让医生们难以忘记。医生除了对她进行物理治疗，还对她进行精神治疗。

进行精神治疗的时候，要求她假想自己可以自由行走。

精神疗法和物理疗法对于常人来说，都一样枯燥乏味，可是安琪却对精神疗法显出了无比的兴趣。

她一直顽强地坚持，她说：“我能看到另一个自己，健康的、可以大步跑跳的自己，现在的我，也是天使，但是是一个腿脚不那么灵活的天使。总有一天，我还会成为之前的我！”

她对未来充满了信心。

这天，安琪像往常一样想象着自己的双腿可以大步前进了，就在这一刻，奇迹发生了，她的床动了。

接着，她激动地大喊：“另一个我来了，我做到了！”

医院里的人都在惊叫，一些医疗器械纷纷倒在地上，很多玻璃都摔碎了。

事实上，那一天发生了地震。可是大夫们并没有告诉安琪真相，他们想让她一直坐在自己的对立面，为自己加油打气。

这一天终于来临了。几年以后，安琪的腿又可以动了，她又回到了课堂上，成为一个更加快乐自信的小女孩。

21岁那年，他只身从外地来到北京拜师学艺，可是他四处碰壁。

后来，他和朋友成立了一个小小的俱乐部，靠在街头卖艺为生。

那时候，他住在北京的郊区，到市区要一个多小时的车程。为了省钱，他甚至连公交车都舍不得坐，每天骑着自行车往来于偌大的北京。每次穿梭，都要花费四五个小时。可是即使如此，他从来没有耽误过一次演出或者学艺。

命运好像特别爱和这个孩子开玩笑，每一次失败，成功都显得更加遥远。

一次，他在结束深夜练习之后骑车回家。刚骑了没多久，就发现自行车的链条断了。

大半夜的，街上没有一个人，公交车也没了，他身无分文，更别说搭车了。可是第二天下午还有一场演出，怎么办好呢?

他一咬牙，一跺脚，将自行车丢在马路边，顶着夜色向远在郊区的出租屋走去。

当时正在下雨，绵绵的秋雨很快就湿透了他的衣服。也不知道走了多久，终于到家了，头晕目眩的他一下子栽倒在床上，滚烫的额头告诉他，他发烧了。

他也知道，这样接下来的演出非出事不可。

于是，他硬撑着翻箱倒柜，掏出来一个传呼机拿到街上卖了十块钱，买了两个馒头和两包感冒药，就这样硬生生地挺过去了。

第二天下午，他面色蜡黄。登台演出的时候，搭档吓了一大跳，问他怎么了，他笑着说起了昨天的遭遇。

搭档的眼睛一下子就湿润了，什么都没说，搀着他走上前台。

这个人就是郭德纲。如今，他早已经红遍大江南北，可是心里装着的这些事，让他能够坐在自己的对立面，时刻鞭策自己，不骄不躁，平静之后再平静。这样，才能坦然面对生活，面对自己。

他说："小时候家里穷，没伞，所以一下雨我就顶着雨跑。现在有了伞，可是那时候的自己，我永远都会记得。"

站在自己的对立面，这是审视自己的最佳位置。在对立面，可以给自我以安慰，给自我以鼓励，无论哪一种，都能让生命放射出新的光彩。

痛苦和幸福，都要接纳

蚕儿为什么要作茧自缚？那是为了在痛苦过后放飞自己。古语云：蚌病成珠。痛苦磨炼人更能成就人。真正的强者，从来不会因为痛苦而故步自封，不会因为厄运而一蹶不振，在逆境中行走过后，定会收获幸福，体验到生活最真的滋味。

是鲜花总有凋零的时刻，是小路总有弯曲的拐角，人只要活着，总会有痛苦伴随，就像玫瑰花上的刺，遇到花朵是我们的幸福，遇到刺则是我们的不幸。然而，若没有遭遇痛苦，人生便会苍白无力，若没有战胜痛苦，人生便难以学会征服。只有在痛苦过后，才能感受到人生的底蕴和纷繁。

弱者遇到痛苦会心烦意乱，失意无主；强者遇到痛苦会学会成熟，变得豁达洒脱。接纳痛苦和收获幸福并不矛盾，只要你换一个角度，因为痛苦是走向成功的试金石，也是人生一笔异常宝贵的财富。

有一个人，他的一生经历了1009次失败，可是他这样说：“我只要获得一次成功就够了。”5岁的时候，他的父亲不幸病逝。父亲离开的时候，没有留下一点财产，母亲不得不出去做工。幼小的他，也因为母亲的务工而不得不在家照顾弟妹。从很小的时候起，他就开始学着自己做饭。

12岁的时候，他的母亲改嫁。他跟着母亲到了一个完全陌生的环境里。继父是那么严厉，经常趁着母亲不在家而痛打他，没有温情，只有暴力。

14岁的时候，他离开了学校，开始了流浪的生活。

16岁的时候，他为了参加远征军而谎报年龄。在航行的途中，晕船严重，被遣送回乡。

18岁的时候，他娶了老婆。这本来是一件非常幸福的事情，可是刚刚过了几个月，老婆就将家里所有的财产变卖，逃回了娘家，不再回来。

20岁的时候，他工作换了又换，从电工到渡轮水手，后来又成了铁路工人，可是没有一样干得顺利。他的人生看起来那么糟糕。

31岁的时候，他萌生了学习的念头。他自学法律，并且在朋友的鼓励下进入律师行业。有一次审理案件的时候，法庭上的他对当事人大打出手，他的律师生涯宣告结束。

32岁的时候，他再次失业，生活过得十分艰难。

35岁的时候，厄运再次降临到他的身上。那天他开车路过一座大桥，不料大桥的钢索突然断裂，他整个人连同车一起跌到河里。他身受重伤，再也不能做轮胎推销员了。

40岁的时候，他白手起家，在镇上开了一家加油站，可是因为广告牌砸伤了竞争对手，一场纠纷随之而来。

61岁的时候，他竞选参议员，结果可想而知——失败。

65岁的时候，政府拆了他正开得红火的快餐店，这使得他不得不低价售出全部设备。

66岁的时候，为了维持生计，他在小餐馆推销自己独特的炸鸡技术。

75岁的时候，他觉得自己力不从心了，于是转让了自己的品牌和专利。新主人说，给他一万股，作为购买价的一部分，他严词拒绝了。可是后来股票大涨，他就此和亿万富翁失之交臂。

83岁的时候，他又开了一家快餐店，可是因为商标注册的问题，与人打起官司。

88岁的时候，他终于成功了。全世界都知道了他的名字。他叫哈伦德·山德士，是肯德基的创始人。

人们总是抱怨不幸，可是他的故事告诉我们，接受命运的不公，同样可以收获幸福。

其实，我们的生活就像一面镜子：你笑，它也笑；你哭，它也哭。不管是对人或者对事，都是这个道理。这个道理几乎所有的人都懂，然而真到了用的时候却又不自觉地打了折扣，忘记了对生活微笑。常见人们抱怨生活，觉得它是在跟我们作对，却从来没有认真地想过，对生活先摆出一张臭脸的其实是我们自己。

不要告诉自己以后还有机会

人生是一条单行道，有去的路，却没有回来的车站。所以，在每次行走的过程中，努力一步步走好，别让自己留有遗憾，这样才是对自己的决定负责，对自己的人生负责。

这天，登山队又开始挑战雪山，与以往不同的是，这座雪山分外险峻，哪怕有一点点闪失，队员就会从上面摔下去，尸骨无存。

起初情况良好，可是突然间，队长的脚踩空了，他瞬间感觉到自己的身体在向下坠落。这时候，他是想过在死亡前做最后的挣扎，悲呼一声的，可是他知道，只要他一张嘴，队员就会受到惊吓，这样做无疑会导致其他队友攀爬不稳，面临风险，极有可能会和他一样掉下去。于是，他紧咬牙关，强忍着没有发出一丁点儿声音。

结果可想而知，队长悄无声息地坠落，坠入万丈深渊。

这样的场面，只有一个队员目睹。看到队长坠落的那刻，他本想大声惊叫，可是经验不允许他这样做，惊叫的后果无疑是吓到其他队员，给全队带来毁灭性的灾难。

于是，他像一个局外人一样忍着悲伤继续攀登。每走一步，他都会流下眼泪。眼泪滴在雪上，留下点点印迹。

登顶成功后，大家突然发现队长不见了。他沉重地说出了事实真相。

大家沉默了，一言未发。

毋庸置疑，这是世界上最好的一支登山队伍，因为他们的队员，可以那么坦然地面对自己的死亡，也能如此理性地面对队友的死亡。他们最终问鼎的，不只是自然的雪山，更是人性的顶峰。

在人生这条单行道上，我们只有坦然面对，才能走好下一步人生。很多时候，坦然不是置之不理，而是一种失意后的乐观。

一位老人退休了。在此以前，他一直很喜欢钓鱼，退了休，简直把挥鱼竿当成人生中最快乐的事情。每天一大早就出门，经常到了傍晚才回来。通常情况下，他的鱼篓里都是满满的，这样的时候，他就会哼着歌快乐地往家走。也有时候，一天一条鱼都钓不到，但是他还是很快乐。别人不解，就问他："奇怪，你钓到鱼快乐，可是像今天这样，忙活一天什么都没钓上来，你怎么还这么快乐呢？"

他坦然地回答："鱼咬不咬钩，不关我的事，但是快乐，却是我在意的事。"

一位睿智的老人，一种坦然的心态。他知道，人生就是一条单行道，快乐地度过每一天，才是人生真正的意义。

另一位老人，正坐在高速行驶的火车上。身边的小朋友调皮，将他刚买的新鞋子拿起来玩耍。一不小心，鞋子从窗口掉了一只。周围的人无不惋惜，可是老人接下来的举动更让人意外：他把剩下的那只鞋子拿起来，顺着窗户就抛了出去。大家都觉得奇怪，以为老人是生孩子的气了。谁知他笑着说："我没生气呀，你们想，我丢了一只鞋，这鞋肯定会被别人捡到吧，那人看到一只新鞋，该有多烦恼。现在，我扔了另一只，这样他说不定走着走着就捡到另外一只了，凑成了一对，这样也算成人之美。他一定会觉得很快乐。对于我而言，剩下的一只鞋，只能看不能穿，留着还会觉得纠结，它对我来说是没用的，没必要为它而苦恼。丢了它，反而快乐。"

人生中，失去固然可惜，但是对于已经失去的东西，没必要去留恋。人生是条单行道，遗憾、抱怨和悔恨并不能让人重回从前，这样做无疑是自寻烦恼。在坦然面对之后，你就会发现，也许自己失去的东西能够成全别人，这未尝不是一种心灵上的安慰。

是时候和烦恼说再见了

烦恼就像慢性毒药，会一点点地吞噬我们的快乐，会使我们的人生变得痛苦不堪。生命就像一个旅程，而真正能够一路伴随我们的又有多少人、多少事？大多数时候，你遇到的每一个人、每一件事都会变成旅途中的驿站，而你只是一个过客。何必为一个终究会被慢慢淡忘的驿站而烦恼不已呢？你还有更长的路要走，有更美好的风景要欣赏。

佛陀说，芸芸众生都存在于这样一个娑婆世界，有苦亦有乐，但苦多乐少。

可见，每个人的一生都会有无数的烦恼，因为人烦恼，因为事烦恼，因为过去烦恼，因为未来烦恼。

《俱舍论记》中说："烦恼障重，以烦恼能引业障，业障复能引异熟障，如是皆以烦恼为本。"

意思就是说，烦恼是我们人生最大的障碍，烦恼会引出当下的烦恼，当下的烦恼又会引出过去、未来的烦恼。所以说，一切都是烦恼所带来的。

人生匆匆数十年，除去吃饭、睡觉、上厕所这些必须花费的时间之外，我们还剩下多少时间可以利用?

在剩下的不多的时间里，我们全部用来体验快乐、享受幸福都还嫌不够，哪还有什么时间去烦恼呢?

戴尔·卡耐基说：“如果我们以生活为代价，付给忧虑过多的话，我们就是傻子。”

如果你不想做这样一个傻子，那就放下吧，放下忧虑，放下执着，让烦恼到此为止。

查尔斯·罗勃兹是一位投资顾问。他第一次做投资就赔得一分不剩，而那笔钱是朋友托他买股票做投资的。

对于罗勃兹来说，这无疑比自己倾家荡产更加糟糕。他非常害怕再见到那个朋友，并且为此整天烦恼。

为了弥补自己的过错，罗勃兹决定先学习股票投资的知识再进入股票市场。于是，他和一位非常成功的投资专家波顿·卡瑟斯交上了朋友。

波顿·卡瑟斯给罗勃兹上的第一课就是股票交易中最重要的原则——他说自己在购买每一只股票的时候都为自己设定了一个限额，这个限额就是不能再赔的最低标准。

比如，他买了一只50元一股的股票，他就会把45元设定为一个限额。万一这只股票跌了，一旦跌到45元以下的时候，他就会立刻卖掉。

这样的话，他每股股票的损失最多就只有5元钱。而如果涨的话，那些股票每股则可能会涨10元、15元、30元，甚至50元。

这样一来，就算自己购买的所有股票有一半都在跌，自己依然可能赚到不少钱。

罗勃兹凭借这个投资原则很快就成了一位优秀的投资顾问，为自己和朋友挣了许多钱。

后来，罗勃兹发现，“到此为止”的原则不仅仅适用于投资，在生活中的其他方面同样也适用，尤其是面对烦恼时。当他在每一件让他烦恼的事情前都加一个“到此为止”的限制后，他的生活开始变得轻松、快乐。

在这个世界上，每时每刻、每分每秒都会有一些人永远地离开这个世界。

那些与世长辞的人，再也无法因为工作繁忙而烦恼，再也无法因为和爱人吵架而烦恼，再也无法因为朋友的一句话而烦恼……对于他们来说，世上的这一切都没有意义了。

在时间的长河中，人的生命是如此脆弱而短暂。而无穷无尽的烦恼却和时间一样有顽强的生命力，你又何必把自己有限的生命投入到无限的烦恼中呢?

所以，当你感到烦恼和忧虑时，不妨告诫自己：“这件事只值得我付出这么一点点的烦恼，不能再多了。我应该让烦恼到此为止，因为还有更重要的事情值得我去做。”

人生就像永无止境的远航，怎么可能一帆风顺，没有一点困难与烦忧呢?

当坏情绪来临时，不应该让自己沉浸在烦恼与悲伤中，而应该让它们“到此为止”。否则，它们会一点一点地侵蚀你的快乐和幸福，使你陷入无尽的烦恼中。

其实，生活中有很多小事都不值一提，别人或许根本就没有在意甚至早就已经忘记，只有你还在耿耿于怀，在烦恼中无法自拔。

每个人都希望每一件事都做到完美，希望自己能够得到所有人的肯定和喜欢，却忘了这样除了加重自己的心理负担，徒增烦恼之外，没有任何意义。因为没有人不犯错，更没有人能够得到所有人的肯定和喜欢。

所以，不妨看开些。不要让工作和生活中的那一点点烦恼左右了你的心情。

生命应该属于阳光和快乐，为什么要让烦恼长期占据你的心灵呢？要学会控制自己的欲望、悔恨和烦恼，不要让它们影响自己的好心情。

让烦恼到此为止吧！悔恨也好，委屈也好，担忧也好，都不要再浪费你更多的时间和精力。

它们都只是过眼云烟，都会流入时间的长河中，杳无踪迹。

迎接美好事物到来

每个人的人生都是一部以写实主义拍摄的电影，只有这一幕落下，下一幕才能开始。如果你永远活在这一幕中，那你就永远无法知道下一幕会发生什么。

有一位农村小伙离开家乡到城市打拼。但是，对于没有一技之长，又没有任何资本与背景的他来说，要想在城市获得良好的发展谈何容易。他只能靠打零工来养活自己，朝不保夕的日子让他烦闷不已。他带着发财的梦想来到城市，最后却落到这步田地，他甚至怀念起农村的生活。

又一次失业后，他向朋友倾诉他在城市中遭遇的白眼和辱骂，这个世界的人情冷暖。面对他的诉苦，朋友淡淡地说了一句：“一切都会过去的。”最后朋友掏出身上所有的钱塞到他手中，转身离去。他看着朋友的背影，愣愣地想了许久，决定以后一定更加努力，一定要把朋友的钱还给他。

10年过去了，经过艰苦的努力，他已经成为一位成功的企业家。他想起了自己曾经唯一的朋友，决定去把朋友的钱还给他。于是，他开着宝马，穿着一身名牌来到朋友依然破旧的小屋前。当晚，二人把酒言欢，从他的身上再也看不到当日的愁苦，剩下的全是意气风发的光彩。他迫不及待地向朋友展示自己现在如何成功，事业有多大，财产有多少。然而，面对他得意扬扬的脸庞，朋友除了点头微笑之外，最后依然只是淡淡的一句："一切都会过去的。"

这一刻，他想起10年前朋友面对自己的痛不欲生也是这样淡淡的一句。他突然觉得朋友才是真正的富有。以后，当再面对商场起伏、得意失意时，他都能够保持冷静，因为他知道，一切都会过去的。

无论你此刻是痛不欲生，还是幸福快乐，一切都会过去。时间总是一直在向前走，不会为任何人驻足停留。你有再多的欢笑，再多的眼泪，再多的委屈……它们都会随着时间流逝。如果你不让它们过去，把它们紧紧锁在自己的心中，就会让自己陷入过去的旋涡，无法迈开走向未来的步伐。

1999年，英格丽·褒曼被美国电影学会选为百年来最伟大的女演员之一。英格丽·褒曼两岁丧母，12岁亡父。在孤独的童年，她常常一个人沉浸在遐想的世界中，靠想象一些角色来寻找乐趣。她在14岁的时候就写下了自己的梦想：能站在家乡的舞台上，观众们朝自己热烈地鼓掌。

18岁那年，英格丽·褒曼满怀希望地去参加皇家戏剧学校的考试。她精心准备了一个小品并进行了认真的排练，可是，进入考场之后，她的小品还未表演完，评判团的主席就挥挥手说：“好了好了，谢谢你。下一个。”

在年轻的英格丽·褒曼看来，这句话无疑在宣布她的死刑。她大受打击，仓促退场后，哭着跑到河边，想以投河结束自己的生命。但是，经过一番思量后，她还是选择坚强地活下去。

褒曼的演艺生涯就在这样的背景下开始了。她的演技和形象渐渐得到大家的认可。可是，就在她已经成了好莱坞明星之后，一个丑闻几乎中断了她如日中天的演艺生涯。

1948年，英格丽·褒曼观看了由意大利导演罗伯托·罗塞里尼执导的影片，并被他导演的风格所折服，于是，她主动写信给他表示希望能够和他一起拍片。

罗塞里尼在接到她的信之后立即表示愿意合作。在合作的过程中，二人渐渐萌生了爱意，她甚至给罗塞里尼生下了一个儿子，而在这整个过程中她的身份都是一个有夫之妇。也就是说，为了追求爱情，她背叛了自己的家庭和丈夫。

这件事彻底打碎了她在美国观众心中“圣洁偶像”的形象，媒体和公众对她辱骂唾弃，她被逐出好莱坞。此后，整整7年时间，英格丽·褒曼从观众眼中消失了。没有人知道褒曼是如何度过人生中最黑暗的7年的，而这7年对于一个演员来说无疑是黄金时期。

直到1957年，褒曼才终于以在《真假公主》中的杰出表演获得了纽约影评人协会和奥斯卡的双料影后。

在英格丽·褒曼67岁生日的时候，有许多亲朋好友、记者、影迷为她庆贺。席间，有一位记者好奇地问："听说您参加皇家戏剧学校考试后曾想过投河。那么，您怎么又改变了主意?"

回忆起这段往事，英格丽·褒曼笑着说："站在河边，我一直在想，我应该相信自己，过去会过去，我要让将来到来。"这个想法挽救了她，第二天，她就收到了皇家戏剧学校的录取通知书。

等到多年以后，褒曼再次遇到当年那个评判团主席时，他对褒曼当初的想法很吃惊，他说当时褒曼一上台，大家就一致认为褒曼很棒应该被录取，所以才说"好了好了，谢谢你。下一个"。

接着，有人问道："在您被好莱坞解约的7年里，您都想过什么？"

英格丽·褒曼依然笑着说："我只在想一个问题，那就是过去会过去，我应该让将来到来。"

英格丽·褒曼用这样简单的两句话为自己赢得了人生中一次又一次的机会。因为她懂得，只有让过去过去，未来才能到来。如果一个人长期沉浸在过去中无法自拔，那未来也就永远不会到来。

淡往往是最浓的滋味

做一个淡然的人，放慢生活的脚步，充实自己的内心，建立属于自己的精神家园。也许我们无法摆脱物质的世界，但是却能因为精神世界而自在。守住那份难得的淡定，就不会让自己的内心流离失所。

人生中，不如意的事情很多很多，能够与人推心置腹言说的却不多。这样的时刻，若能超脱、看破，用淡然为自己换得一份内心的清净，是智者的行为。

当年，苏轼落难，在最艰难的时刻，他在长江岸边写下了“大江东去，浪淘尽……”他是一位难得的才子，书法漂亮、华丽而且工整。他从来没想过，自己竟然也伤过别人。他得意的时候，别人恨他、怨他、嫉妒他，可是当他失意了，写出的字歪歪倒倒，却成了响当当的书法极品。

为什么？因为字里有“苦”味，人生境遇之苦。他知道，人生最苦的时候，并不是年少时悬梁刺股的时候，而是最卑微以至于所有朋友都避而不见，在河边写出最美句子的时候。

原本，苏轼是一位翰林大学士，可是一旦他不再受宠，朋友就再不敢靠近。唯一一个不怕受牵连的马梦德，为生活困窘的苏轼一家申请了一块荒地，正是这片位于东坡的土地安顿了苏轼的身心。他闲暇之时便到东坡劳作，并自称东坡居士。

东坡种田，东坡写诗，他开始觉得，为什么自己一定要在政治场里争来争去？如果可以，还不如在历史上留下一些优美的诗句。于是，他开始写诗，而且是一生中最好的诗句。他的心情很好，他有米吃了，他有酒喝了，他“夜饮东坡醒复醉”，开始了深入灵魂的创作阶段。那些名句，皆来自淡然的生活。

苏轼变成了苏东坡。他与从前不同了。这时候的他，开始欣赏不同的东西。比如，他跑去黄州的夜市，久违地讨点酒喝。不巧碰到一个壮汉，面目狰狞，浑身刺青。那个人一下把他打倒在地，猖狂地说：“你是什么东西，竟然碰我，你也不打听打听我是谁！”壮汉并不认得苏东坡，可是倒在地上的苏东坡认识自己。他回家写信给马梦德，他很高兴成为现在的自己，他说：“自喜渐不为人知。”他觉得，这时候的自己，到了生命中最了不起的阶段。从前，他想全天下人都认识自己，可是，人们偏偏不买账，不给他好脸色。落难以后，他的生命开始百般包容，这是另一种状态。

最后，在尝遍酸、甜、苦、辣、咸等人生百味之后，他感觉到的是“淡”。因为只有所有的东西都体验过了，才知道那种淡的特别和精彩。就好像吃惯了大鱼大肉的人，一碗白菜稀饭或者一块豆腐，都能让他感受到那种能深刻影响他的最“淡”的滋味。

做官的时候，一直希望两袖清风，可是却始终不见清风。当苏轼成了苏东坡，不再执意寻找那种清风时，却在诗里看到了清风。

一切都因为“放下”。刚开始是被放下，后来是真的放下，放下的时候，才重新找回了自我，句子才能写得那么淡然、清新。

苏东坡最终明白，那些争名逐利的斗争，不过是虚空一场，所以才有“多情应笑我，早生华发”这样的感慨，他又重新回归，认识自我了。

这是一个美好的循环，无论是贫穷还是富有，从不会因为什么而改变。一种豁达的态度，一种淡淡的人生趣味，实属难能可贵。所以他说：“回首向来萧瑟处，归去，也无风雨也无晴。”回忆一生，心中很知足，那是心很宽。

人生终有花开时

没有谁的人生是一帆风顺的，困难一直存在，不幸时有发生，而我们能做的只有坦然面对，继续努力积蓄力量，直到开出自己的生命之花。

人生不如意事十之八九，也许你觉得别人活得比你风光、比你快乐，但实际上，每个人的心中都隐藏着只有他自己才能体会的苦恼。

每一粒种子要想发芽，都得冲破泥土的阻碍。开花，结果，它的每一步都走得非常艰难，但只要有一颗开花的心，就会拥有开花的时机。人生也是如此。或许因为各种原因，你在成功之路上遇到了比别人更大的阻碍。然而应该清楚的是，这种人生的黑暗地带是每个人都必须经历的，不同在于每个人是否都始终怀着一个梦想，渴望有一天能够开花结果，并为此坚持努力。

在非洲干涸的戈壁滩上，生长着一种非常特殊的花，叫作“依米花”。它一般要花费五年的时间才能使自己的根在地底深处扎下来，然后，再一点点地积蓄养分，直到第六年春天，它才能发芽、长叶，然后慢慢地开出一朵小小的四色鲜花。

在积蓄养分的漫长的5年中，没有人会注意到它的存在，它独自经历着黑暗、孤独以及难以逾越的生命极限。但是，在第六年的春天，它会突然在一个清晨绽放出世上最美丽的花朵，花瓣呈莲叶状，分为四瓣，每瓣自成一色——红、白、黄、蓝，虽然花朵很小，却开得异常美丽。

然而，在如此恶劣的环境中，经历长达5年的辛苦才开出的依米小花，花期却极短，最多只有两天。两天之后，它便和母株一起枯萎了。它的绽放，同时也意味着生命的终结，一生只为那两天的美丽而努力。

植物专家经过研究发现，在非洲荒漠地带，植物的生长需要充足的水分，如果是开花的植物就更需要有足够的水分以保证花朵的饱满水润。所以，一般非洲的植物都利用庞大的根系采水。但是依米花没有那么发达的根系，它只有一条主根，孤独地蜿蜒盘曲着钻入地底深处，寻找有水的地方。

在极度缺水的荒漠地带，植物要想找到水又谈何容易，不但需要顽强的生命力，还需要一些运气。所以，一株依米花的主根往往需要用4至5年的时间在黑暗、复杂的地底摸索，寻找水源。它要突破各种艰难险阻，要忍受黑暗和孤独，直到发现水源。

然后，唯一的主根再一点一点地吸收水分，积蓄能量，等到积聚的水分够花蕾需要时，它便开花了。但是，因为花朵需要消耗大量的水分，所以它往往会在花儿开得最美丽的时候，因为水分耗尽而凋零。

如果依米花生长在水源充沛的地方，它可能只需要一年的时间就可以开出美丽的花朵，并且美丽一辈子。但是，因为它出生在荒漠，所以它必须用5年的时间为开两天的一朵花而努力。

或许你还在为没有机会证明自己的价值而懊恼，那你不妨想一想依米花，你能像它一样在如此恶劣的环境中，怀着一颗开花的心，不屈不挠地为一朵花的绽放而努力吗?

一粒种子无论它多么渺小、卑微，无论它生在哪里，上帝都给了它开花的时间，不管开花的时间长短，那一刻它都是美丽、灿烂的。如果它因为环境恶劣，或者因为遇到了苦难和阻挠就放弃，那么，它将永远失去开花的时间。

从《双面胶》到《王贵与安娜》再到《蜗居》《媳妇的美好时代》《心术》，海清的走红似乎是理所当然的。然而，这个曾经以第一名的成绩考取北京电影学院又以优异的成绩毕业的优秀学生，刚刚进入演艺圈的时候，却受到了不小的打击。

当年，海清最大的理想就是成为一名出色的话剧演员，所以毕业时她一心想考入北京人民艺术剧院。但是，两次考试，都被老师否定，因为他们觉得她“不会演戏，也不够漂亮”。在这样的否定下，海清开始怀疑自己，并且选择封闭自己，闷在家里不出门。

如果海清就这样沉默下去，或许我们今天就看不到她这些出色的作品了。但是，这个时候，她的老师黄磊告诉了她一句话：“现在不快乐是将来快乐的财富。谁说人生就是快乐？也许痛苦就是生活的本质。”

就是这一句话，让海清开始勇敢地接受生命中的这些痛苦和打击。很快，她就抓住了一个机会——出演《玉观音》中的钟宁，并且从此开始走入观众的视线。后来，这朵花也就越开越灿烂。对此，海清却淡定地说：“对我来说，有一种气质叫奋斗。”

每个人刚刚来到这个世界上的时候，都拥有同样的开花机会，但是有的人因为一时的困难而放弃了这个机会，注定一生庸庸碌碌，失去了生命的光彩；而有的人，如海清，却像依米花一样，在变幻无常的命运中，坦然面对，不懈地努力和坚持，最后开出具有自己独特颜色的花。

在遭到质疑的时候，在遇到困难的时候，你是否还能坚持自己的梦想，相信自己？在看似没有机会的时候，你是否还有耐心再等待一下呢？即使一生注定只能绽放一朵花，只能美丽一次，你也应该怀抱一颗开花的心去坚持，因为那样的生命才会更加光彩夺目。

给梦想主动一击

机会不是等来的，是靠自己主动争取来的。做一个积极进取的人，不要认为只有等到有百分之百把握的时候才去做。事实上，只要踮起脚尖，或许机会就会降临在你的头上，你就会离梦想更近一步。

走在苹果园中，看着头顶诱人的苹果，你很想摘下一个享受它的清脆、甘甜。而当你举起手时，却发现看似近在咫尺的苹果却怎么也够不着。怎么办呢？如果选择放弃，你就将永远错失这美味的苹果，而只要主动一点，踮起脚尖，或许你就可以摘到苹果，即便摘不到，也可以更接近它，观察它，在一树芳香中寻找摘下苹果的方法。

人生也是如此。每个人都有梦想，但是几乎没有人伸伸手就可以实现梦想。你需要踮起脚尖，需要找来梯子，走近一点，再近一点。对于你来说，这每一步的接近都是成功。只要你朝着同一个方向不停地努力，或许有一天你会有这样的惊喜——苹果熟了，自然掉落下来，刚好砸到你的头上。

有位年轻人读了牛顿和苹果的故事之后，兴致勃勃地搬了一把椅子，坐在苹果树下，期待着有苹果刚好落到自己的怀里。然而，他在苹果树下坐了一天又一天，尽管不时有熟了的苹果自然落下，但是却没有一个苹果落到他的怀里。为此他非常苦恼。

一位老人看见了苹果树下的年轻人，问他为什么每天都坐在苹果树下不动。年轻人就告诉他，自己在等待有苹果落到自己的怀里。

老人听后大笑起来："小伙子，只是坐着等待，是永远不会有苹果落到你怀里的。苹果落在牛顿的脚下，也是在牛顿因为思考问题而不停地走动的时候。而牛顿之所以会因为这个苹果而发现万有引力定律，也是因为他在这之前已经经过了长期的思考。所以，小伙子，如果你想得到苹果，就要站起来，看准苹果的方向，不断地缩短距离，这样苹果落下的时候才有可能刚好落到你的怀里。"

苹果只会落在不停地靠近它的人的怀里，成功只会青睐不停地追求它的人，仅仅坐着等待则永远都不会有收获。要想实现自己的梦想，就不要再等待，站起来，向着梦想的方向开始前进。

一位年轻人从小就十分热爱文学，但是阴差阳错，在大学时他读了医学。然而他并没有因此放弃自己的梦想。大学毕业前的半年，学校组织他和同学们到一家医院实习，而医院旁边恰好有一家报社。他每天看着从报社进进出出的人，多么渴望自己也能在那里上班呀！于是，他开始刻意制造机会接近报社，比如给他们投稿等。

尽管他已经打听到这家报社基本上只接收中文、新闻等相关文科专业的研究生，但是他想，只要自己还在医院实习一天，就要多给自己一天的机会。

他在医院实习的3个月后，和报社里的不少记者和编辑都熟悉了，并且他基本上也熟悉了报社工作的大概流程。一天，一个和他关系不错的记者私下里告诉他，报社过几个月可能要招人。这让他心中一阵窃喜，他要为自己找到更好的机会。

很快，他就发现报社的总编喜欢晨跑。几乎每天早上，他都会早起到街心公园里跑一圈。虽然年轻人不喜欢早起，更没有晨跑的习惯，但他还是决定从今往后每天早上都要早起，到街心公园晨跑。

一个月后，总编注意到了这个每天都和自己一起晨跑的年轻人。终于有一天，总编在跑步结束后，突然问他："小伙子，你也喜欢跑步？以前好像都没有见过你啊！"

"我不太喜欢早起，所以以前很少会晨跑。"他如实回答。

"那你为什么现在每天都坚持晨跑？"

"我在给自己机会。"

"什么机会？"总编提起了兴趣。

“接近您的机会。”年轻人还是如实回答。

这个答案引起了总编更大的兴趣：“为什么？”

年轻人激动地说：“因为我想让您从认识我到了解我，再到熟识我。我知道，你们报社过段时间可能会招聘新人，我希望您能给我这样一个学医的本科生一个机会，一个参加考试的机会，仅此而已。”

听完他的话，总编低下头想了一会儿，最后说：“一个月后，你来报社找我。”

一个月后，在报社的招聘会上，他找到总编，顺利报了名。之后他以第三名的成绩通过笔试进入了面试环节，而面试是总编亲自主持的。面对已经熟悉的总编，他没有一丝紧张。

总编严肃地看着他问：“如果你是我们报社的一个编辑，我给你篇稿子，你发不发？”

“发！因为我相信总编您挑中的稿子一定是有它的价值的。”

“如果文章质量很差，不但文笔不好，还有很多错误呢？”

“发！因为我会用我的文笔对文章进行润色修改，直到达到发表的水平。”

“如果我要你尊重作者，不准修改呢？”总编似乎故意刁难他。

他看着总编，斩钉截铁地说：“发！不过我会在文章最醒目的位置上，再加上一个栏目小标题——‘短文改错’。”

听完他的答案，总编笑了。年轻人终于利用自己的努力和主动为自己赢得了面试，也赢得了实现梦想的机会。

在现实生活中，凡是最终实现梦想、取得成功的人，无一不是拥有主动进取精神的人。他们不但能够坚持自己的梦想，还会为实现梦想而主动找方法，千方百计地寻找接近梦想的机会，把握住每一个实现梦想的机会。

如果一个人说“我有一个梦想”，然后就把这个梦想抛在脑后，坐等梦想自己来敲门。那么，无论如何，他也不可能有所收获。

要想吃到香甜的苹果，就必须努力地去摘。如果你只是坐在原地等待，就算真的有一个成熟的苹果恰好砸到你的头上，那应该也是一个熟透了的烂苹果。因为你离苹果太远，错过了苹果成熟的最好机会。

是的，坐着想是永远也不会有收获的，即便天上真有可能掉馅儿饼，也需要你弯下腰来才有可能捡到。我们每个人都有自己缤纷多彩的梦想，但并不是每一个人都能够为我们的人生书写辉煌。其中的原因很多、很复杂，但行动是其中极为重要的一个因素，没有行动就没有成功，更不可能有成功带来的快乐。

要想实现自己的梦想，就一定要对实现梦想的行动进行规划。唯有如此，才能少走弯路，才能在对的时间做对的事情，才能从容地、一步一步地走到人生更远的地方，看更美的风景。

勇敢的人，都是有爱的人

即使厄运降临，我们依然可以选择热爱生命，因为人们虽然无法逃避厄运，却可以用这份热爱将厄运击败。勇气和意志就是生命勇者头上的王冠，即使暴风雨来临，它依旧闪亮耀眼，震慑一切黑暗。

生命是上帝赋予每个人的最为独特也最具创造力的礼物。弱者使生命黯淡，勇者使生命生辉。在生命面前，只有一种英雄，那就是热爱生命的人。

智利北部，有一个小村子名为丘恩贡果，村子西邻太平洋，北靠阿塔卡马沙漠。因为特殊的地理环境，来自太平洋的冷湿气流和沙漠上的高温气流常年交融，形成了多雾的独特气候。即使这样，这里的土地仍旧缺水。白天，强烈的日照使浓雾很快散去，土地还是一片干旱，没有一点绿色。

有一天，加拿大的物理学家罗伯特进行环球考察时经过这里，住进了村子。刚开始，一切正常。突然有一天，他发现了一个奇怪的现象：除了村子里的打鱼人，这里只有一种生物——蜘蛛。

放眼望去，到处是蛛网，蜘蛛的繁衍几乎到了夸张的地步。可是，蜘蛛在这么干旱的地方为什么还能生活得那么好？这引起了物理学家罗伯特的极大兴趣。在显微镜的帮助下，他发现，这里的蜘蛛丝对水分有很强的吸收性，而吸收的水分来自雾气。原来蜘蛛们生生不息的源泉就来自空中。

于是，在智利政府的支持和帮助下，罗伯特研发了一种人造纤维网，灵感就来自蜘蛛网。他在当地选择了雾气最浓的地方，排起网阵。这样，当雾气弥漫的时候，网就能拦截住水分，形成水滴，最后汇聚到流槽里面，再经过过滤和净化，就变成了新的水源。

如今，这种人造纤维网每天都可以拦截1万多升的水分，在浓雾季节，效果更佳。这些水足以满足当地人的生活需要，而且可以用来灌溉。曾经荒凉的土地，长出了碧绿的蔬菜和美丽的花朵。

罗伯特的行为告诉我们，在这个世界上，从来就没有真正的绝境，一切都不能阻挡热爱生命的勇士的步伐，只要心灵不枯竭，绿洲就会永存。

他是一个9岁的小男孩，名叫埃伦。一天，在从学校回家的路中，一路蹦跳的他，因为一粒小石子而意外地跌了一跤，只是蹭破了点皮，和从前一样，埃伦没有在意，继续向前走。

晚上，埃伦突然感觉到膝盖很疼，他仍旧没有理会，觉得也许明天就好了。玩了一会儿玩具，他就回房睡觉去了。

可怕的事情发生了，一觉醒来后，疼痛非但没有消失，反而更加严重了。虽然他感觉到那种疼已经蔓延到了膝盖周围，可是他没有告诉爸爸妈妈，吃完早饭后仍像往常一样和伙伴们一起去上学。

这天放学，埃伦看到自己的腿已经红肿，可是他忍受着疼痛，一路走回了家。妈妈感觉到埃伦有些异样，问他原因，他坚持说自己没事。

第三天，他痛得受不了了，并吃惊地发现自己整条腿都肿了起来，脚连鞋都没办法穿上。爸爸妈妈看到这种情况，担心极了，马上将埃伦送去医院，而这时候的埃伦，因为伤口发炎高烧严重。

医生虽然体谅埃伦的父母，但不得不告知实情。他的表情十分严肃："如果不锯掉这条腿，埃伦就没办法消炎，会一直高烧不退，这样可能会威胁到他的生命。"

埃伦的父母被这样的消息吓呆了，不过是一次小小的跌跤，竟然让孩子失去了一条腿。

当埃伦从父母口中得知这样的消息时，他大叫："不，失去一条腿，还不如让我去死！"他一直拒绝手术。两天之后，他依旧高烧不退，甚至开始说胡话。

医生很难认同这样的做法，但是埃伦始终坚持："不要锯掉我的腿……"他说胡话的时候，也是不断重复同样的内容。

第三天的时候，医生来看望埃伦，他本来想提醒埃伦的父母，如果不马上做出决定，孩子很可能有生命危险。可是这时候，医生却发现埃伦的烧正在退去，腿也开始消肿。这一切都太意外了，没人知道其中的原因。

第四天，埃伦的神志恢复了清醒，他的腿不再红肿，高烧也退了，他神情疲惫但目光坚毅。

几周以后，埃伦重新站了起来。他抱起篮球跑向医生，快乐地说："我说过，不能锯掉我的腿，我还要打篮球呢！"

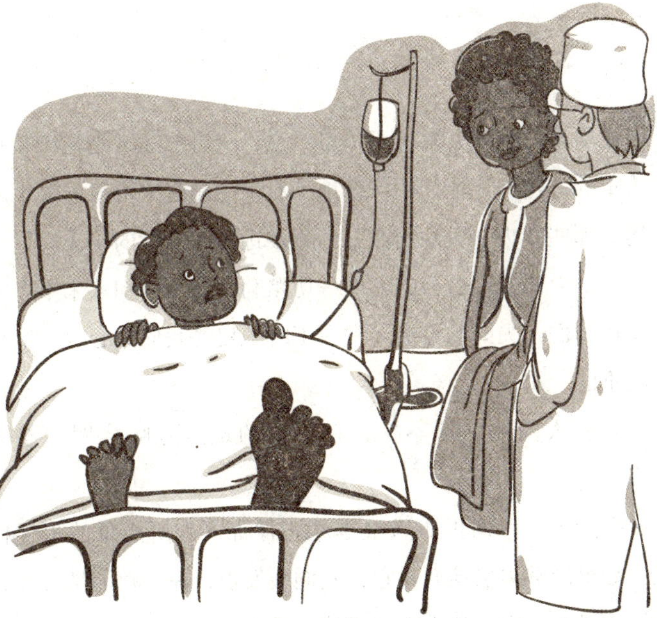

像孩子一样跌倒在地

每一个成功的人必定都有很多跌倒的经验。极少有人的成功是一蹴而就的，都是经过许多挫折、许多次的跌倒之后重新站起来，带着跌倒的经验和教训继续前进，才获得了成功。

成功学的创始人拿破仑·希尔说：“自然经常是先给某些人重重的一击，让他们倒伏在地，看谁能爬起来再投入人生的战场。那些毅力强大的勇敢者，就被选择为命运的主人。”

每个人都希望自己的人生一切顺利，但生活却从来不会如此厚待我们，失败的疼痛经常会不时地侵袭我们的心灵，给我们沉重的一击。

有的人因此一蹶不振，在失败的地方号啕痛哭，怨天尤人。

实际上，一时的失败根本就不像许多人所想象的那样糟糕。如果能够坦然地面对它，我们会发现，在失败的地方还有别样的风景，它会让人看到成功的希望。

所以，当失败把你打倒在地，与其在原地为疼痛悲伤，不如从容地爬起来，从失败中总结教训，然后走好接下来的每一步。

在我们一般人的想象中，孩子跌倒了大都会哭。然而，有一位幼儿园老师却给了我们不一样的答案。

她说："以前，我一直以为，孩子在跌倒之后，一定都会立即爬起来。后来，我发现我错了。其实，还有一些孩子，在跌倒之后，不会立即爬起来，而是躺在原地欣赏风景。

"有一次，我领着一群孩子在一块草坪上做游戏。有一个男孩突然被什么东西绊倒了。刚开始我并没有放在心上，以为他很快就会爬起来。但是，等了很长一会儿，他也没有爬起来。我担心他是不是受伤了，就赶紧走过去看看。结果发现他毫发未损，于是我问他为什么不起来。他很认真地说：'老师，我在找这里有没有什么好玩的东西。'然后，我就看见他的手上拿着几片十分漂亮的落叶。原来，他在自己跌倒的地方寻找意外的收获!

"还有一次，两个孩子在玩耍，一不小心，相互绊倒了。我担心他们俩会因此相互指责，甚至大骂，就赶紧跑过去看。没想到，他们俩既没有苦恼，也没有立即爬起来，而是顺势仰面躺在地上，安安静静的。看到我之后，他们俩争着告诉我，老师，咱们幼儿园的屋顶真漂亮。他们俩甚至拉着我一起躺下来看那屋顶。于是，我第一次躺着看每天都在自己头顶的屋顶，从这样的角度望去，挂着彩条的屋顶是如此美丽。

“从那之后，我明白了为什么许多孩子在跌倒之后都不会立即爬起来，因为他们在跌倒的地方发现了别样的风景，有了意外的收获。然后，他们会带着满足、愉快的心情爬起来。”

即使是同样的风景，站着看和躺着看也会呈现不一样的美丽，更何况有些风景必须在跌倒之后才能发现。

跌倒了没什么大不了，看一看别样的风景，寻找一些意外的收获，然后拍拍灰尘，带着崭新的收获站起来，继续往前走。

失败是人生最好的老师。每一次失败都是在为成功积累经验，积蓄力量。只有那些在失败面前保持良好心态，不抱怨、不气馁、不放弃的人，才能最终拥有成功。所有的成功都需要一遍遍失败的演练。

有一位木匠手艺非常好，他希望自己的儿子以后能够继承自己的事业，成为一位出色的木匠。

于是，他从小就开始认真地传授儿子技术。

但是，让他很郁闷的是，儿子似乎没有做木匠的天赋。虽然儿子已经学习了十多年，但是技术始终不精。

尤其是许多特殊的技术，无论他怎么教，儿子总是学不会，即使偶尔学会了也是转身就忘。

为此，他经常和别人诉苦，很担心自己的儿子以后不能成才。

一位老人听过他的诉苦之后，问他：“你一直是手把手地教他吗？”

木匠认真地说：“是啊！我非常仔细、耐心地教他。”

老人接着问：“他是一直都跟着你干活吗？”

“是啊！为了让他少走些弯路，尽快学会技术，我一直让他跟着我干。几乎把所有可能出现的问题都给他进行了分析，并告诉他如何避免，我还……”

老人不等他把话说完就打断他说：“这就是他不能成为一位出色木匠的原因。你只教给了他技术，却没有教给他教训，没有教训就不能成大器！”

没有人能够不经历跌倒就学会走路，同样，也没有人能够不经历失败就获得成功。奇美集团的董事长许文龙说：“跌倒了不必急着站起来，在四周找找看有什么可以捡的，再站起来！”

人生的失败，对于某些人来说可能是成功的障碍，但是对于充满智慧的人来说，却是宝贵的经验，可以从中累积成功的资本。

如果跌倒了，不妨像孩子一样，看看有没有什么意外的收获，然后再勇敢地站起来。一旦你累积了很多跌倒的经验，就不再怕跌倒，经验会让你在跌倒的时候安然无恙。

把欲望踩在脚下

欲望是一个双面人：一面是天使，适当的欲望能够催生我们上进的力量，推动我们走向成功；另一面是魔鬼，过多的欲望会控制我们的心智，使我们利令智昏，把我们引向地狱。只有懂得知足、跨过欲望的人才能走进天堂。

欲望是把双刃剑，过度的欲望会使人走向地狱。每个人都会有一点自己的贪念，但是如果一味地放纵自己的欲望，拼命去追求那些华而不实的东西，只会增加人生的负担，错失幸福的天堂。

有一个乞丐看着来来往往的行人，心想：要是我能有1万元就好了，我就可以拿这笔钱做一点小生意，就不用再做乞丐了。

一天，乞丐正坐在路边乞讨，突然有一只小乌龟爬到了他的身边。他以为这只乌龟和他一样无家可归，于是就把它带回住处，和自己做伴。

第二天，乞丐在乞讨的时候，看到路边有很多人围在一个地方讨论着什么。于是，他也凑上前想知道发生了什么事。

结果他听到大家都在讨论说本地的一个大富翁丢了一只乌龟，这只乌龟是大富翁的幸运物，所以他非常着急。如果有人捡到这只乌龟，大富翁愿意付1万元表示感谢。

乞丐听到后，赶紧回到住处带上乌龟去领那1万元的酬金。一路上，他想着自己可以用那1万元做点小本生意，然后一点点地再把生意做大。想到即将摆脱行乞的生活，他非常高兴。

可是，就当他快走到富翁家的时候，居然听到大家都在议论说酬金已经变成了两万元。原来，大富翁因为找不到小乌龟，就把酬金提高了。

乞丐听到后立即停下了脚步。他站在路边想着，如果自己有两万元就可以做大一点的生意，就能赚更多的钱。

但是，富翁这么看中这只乌龟，如果找不到的话一定会再提高酬金的。如果酬金到10万、20万，那自己连小生意都不用做了……

想到这些，乞丐毅然带着乌龟回去了。

果然，第三天，酬金又涨了1万，第四天，又涨了1万……

直到第七天，酬金已经涨到了10万。正在乞丐自以为得计，计划着当酬金涨到20万就把乌龟还给富翁的时候，他却意外地发现乌龟已经死了。

原来，因为他每天都盯着不断上涨的酬金，无暇照顾乌龟，致使乌龟饿死了。

乞丐守着已经死去的乌龟，想着10万元钱已经成了泡影，绝望地大哭起来。

如果乞丐能够适时地控制自己的欲望，在第一天，或者第二天，哪怕是第三天就把乌龟还给富翁，他就能得到一笔足够自己做小生意的钱，而不再做乞丐。

但是，因为他毫无节制的欲望，最后一切只能成为空想，依然还要靠行乞生活。

18世纪，法国有一位哲学家叫狄德罗，他提出了一个全新的名词——配套效应，也称为“狄德罗效应”。

意思是一个人拥有了一种新的物品之后，为了和新物品相匹配，他就会不断地想拥有更多的物品，否则，他就会心理不平衡。这个效应的发现源于狄德罗的一篇叫“与旧睡袍别离之后的烦恼”的文章。

两百年后，美国的经济学家朱丽叶·施罗尔根据这篇文章中所讲的故事提出了“狄德罗效应”。

一天，狄德罗的好友送给他一件漂亮华丽、质地精良、做工考究的红色睡袍。

狄德罗非常高兴。他穿上睡袍在家里走来走去，心情非常愉快。但是，走着走着，他开始觉得似乎有哪里不对劲。

他又转了一圈，发现是家里的家具太老旧了，和鲜艳美丽的睡袍根本就不般配。穿着这样的睡袍怎么能使用这样的家具呢？于是狄德罗赶紧定制了一套颜色亮丽的全新家具。这套家具放在家里之后，整个屋子立即就变得亮堂起来。

狄德罗看着漂亮的新家具非常高兴，他觉得很满意。可是，他很快就发现，当自己穿着新睡袍，用着新家具时，那块破旧的地毯实在太碍眼了，不但颜色难看，而且做工粗糙……

于是，他又换了新地毯。

慢慢地，狄德罗把家里的一切都换了一遍，代价便是他差点破产。

如果不买新的家具、新的地毯……是不是狄德罗美丽的新睡袍就变得不再美丽呢？当然不是。这只是我们心中的欲望在作怪。它控制了我们的心，让我们沉溺其中，无法自拔，直到把我们拉入地狱。

生活中，随处可见“狄德罗效应”的影子。比如，一个人在做了一个新发型之后，为了和新发型配套会去做一个美容，然后化一个漂亮的妆；接着为了和漂亮的妆容配套，就去买一身华丽的衣服；然后再为了和衣服配套去买一双昂贵的鞋子；为了和鞋子配套去买一辆豪华的汽车……

就这样不断地“配套”下去，最后走向了欲望的深渊。所以，我们要学会自制，不断地反省自己：我真的需要那么多东西吗？在欲望面前要及时刹车。

笑到最后，才是真正的勇敢

笑到最后的人才是笑得最美的人。功成名就需要一种谦逊、低调的态度。不妨在人生路上做一个看客，坦然面对眼前一时的不得意，收敛起身上的光芒，不要让自己的才华和光芒成为成功的阻力。

在生活和工作中，我们都希望做最出色的那个人，急于用结果来表现自己，却常常忘记把步子迈得更稳一点。俗话说，“欲速则不达”，急于求成的结果很可能会把事情推向另一个极端。

在《红楼梦》中，宝玉身边的丫鬟可谓各有千秋，但是她们有一点是相同的，那就是都希望得到宝玉的喜欢和认可。那么，到底谁做得最好呢？

是细心周到的袭人，还是貌美手巧的晴雯？是牙尖嘴利的碧痕，还是一心高攀的小红？她们每个人都极力地表现自己，希望能够在宝玉心中占有一席之地。然而，袭人走了，晴雯死了，碧痕和小红终究也因才貌不佳而无法得到宝玉的喜爱。最后，居然是平常不言不语的麝月伴着宝玉了。

按照王夫人的说法：“宝玉房里常见我的只有袭人、麝月，这两个笨笨的倒好。”可见在王夫人心中，麝月属于那种不太漂亮并且安分守己的角色。这样的角色自然不会引起别人的注意，而且和袭人这个首席丫鬟的身份相比，她的身份也不具有任何攻击性，所以就不会有人针对她。

我们再来看一下宝玉身边的那些“出色”的丫鬟。袭人人缘极好，却依然有人骂她“妆狐媚子哄宝玉”；而漂亮、矫情的晴雯在得到宝玉疼爱的同时也成了众矢之的，最后含恨而死；粗使丫头小红只因为表现得伶俐了些就被人排挤；而芳官和四儿都因为表现较好受到重视而被人下谗言……

唯独麝月，从来没有一个人说过她的一句坏话。为什么呢?

是因为麝月长得不漂亮吗?让我们想想，宝玉会留一个丑八怪在身边吗?所以，或许她长得不如晴雯那样出众，但也应该是个美人。是因为麝月能力不行吗?《红楼梦》中有这样一个展现她卓越心智口才的片段——芳官的干娘在院中吵闹，袭人情急，便唤麝月道：“我不会和人拌嘴，晴雯性太急，你快过去震吓他两句。”

而麝月出去有礼有节地说出一番大道理，进而又抬出宝玉说：“因连日这个病那个病，老太太又不得闲心，所以我没回。等两日消闲了，咱们痛回一回，大家把威风煞一煞儿才好。宝玉才好了些，连我们不敢大声说话，你反打的人狼号鬼叫的。”一番话说得芳官的干娘立刻闭嘴。

可见麝月也算是个才貌双全的女子。但是，她却含蓄内敛，谨守本分，极力做好自己的分内之事。这样的淡定反而成就了她，使她成为宝玉身边的最后一个知己。

我们身边不乏像麝月这样的人，他们富有才华而不急于外露，只是安安分分地做好每一件事。他们不和任何人发生矛盾，也不和任何人走得太近，对于不属于自己应得的名和利绝不妄想，对于那些勉强可以得到的名和利，能谦让则谦让，不对他人造成任何威胁。而即使是自己应得的名利，他们也是低调处之，不会因此而炫耀。

或许你会觉得这种人没有上进心，不懂得自我推销，不适合当前这种竞争激烈的环境。但是，大多数时候，我们会发现，反而是这些人能够“笑到最后”。

两位年轻人以同样出色的成绩毕业于同一所大学的同一个专业，然后又进入同一家单位上班。不同的是，第一个人能说会道，深谙自我推销之道，他无论走到哪里都光芒四射。

而第二个人却不善言辞，只是默默地埋头工作，对取得的成就，从来都不会炫耀。虽然大家当面都说第二个人老实，但是背后都说他傻，说他肯定无法适应现代社会的激烈竞争，早晚得被炒鱿鱼。

很快，第一个人因为才华出众，入职刚一年就被破格提拔为部门主管。而第二个人仍然没有什么出色的业绩，默默地做着小职员。

第一个人升职后更是春风得意，抓住每一个机会表现自己。在公司年会上，老板对跳舞显得很笨拙，他主动走上前，热情地当众教老板跳舞；酒桌上，老板不胜酒力，他主动接过老板的酒杯；谈判桌上，老板用不太流畅的英语和客户交谈，他大声将老板的蹩脚英语流利地复述给对方……

有一次，老板临时要和一位外国客户谈判，找不到第一个人，见第二个人在公司就问他会不会英语。他说会，就被老板带去做个临时“替补”。在谈判桌上，他坐在老板身后，悄悄地为老板翻译对方的话，然后在老板和客户交谈出现障碍的时候，再小声地提醒老板，让老板在客户面前赚足了面子。这次的事让老板对他的印象很深。

就在大家都以为第一个人会再次升职的时候，第二个人却突然被老板提拔为销售总监。背后的原因，只有老板一个人心中清楚：第一个人虽然才华出众，但是过于自负，在自我推销时常常压住了老板的风头；而第二个人的才华如月光一般柔和，只在适当的时候温和地帮助老板解决问题。

竞争越激烈，越应该适当地收敛自己的光芒。一旦你锋芒毕露，就会使别人觉得自己受到了威胁，这时，你的才华反而成为你成功之路上的绊脚石。不妨做一个沉默的麝月，不要担心自己的才华会被埋没，只要你踏踏实实地做好每一件事，没有什么能够掩住你的光芒。

你的努力，终会得到公正的礼遇

想要改写命运，就要改变自己，而后改变内心；要赢得命运之神的尊重就必须要成为生命的勇士，一直向前，直至将命运彻底改写。不必抱怨命运的不济，不必感慨人生的不公，从坦然的那一刻开始，你的境遇就已经扭转了一半。

命运之神很残忍，它给人们带来伤痛、疾病、挫折和失意。在厄运之后，有人从此萎靡，一蹶不振，也有人奋起直追，成为强者。一个人的表现决定了他遭遇困难之后的作为，人从此有了平庸和卓越之分。

命运也许存在，但不是定数，一个人的表现决定了他改变命运的程度。要相信一分耕耘，一分收获的真理，因为在真理面前，人人平等。

很多年前，在奥斯维辛集中营里面，一个犹太人告诉他的儿子：“想要赢得命运之神的尊重，就要依靠自己的智慧。当别人说1加1等于2的时候，你就要想到1加1大于3！”后来，纳粹分子在奥斯维辛毒死了上百万人，但他们父子却躲过了这场屠杀。

1946年，他们来到美国，在休斯敦做起铜器生意。

父亲问儿子：“一磅铜的价格是多少？”

儿子回答：“35美分。”

父亲说：“的确，这是整个得克萨斯人都知道的铜价，但是作为犹太人的儿子，你要记得，一磅铜值3.5美元。不信，你把一磅铜做成门把手看看！”

20年之后，父亲过世，儿子独自经营这个铜器店。他做过很多铜器，如铜鼓、瑞士钟表上的簧片，还做过奥运会奖牌。他不止把铜卖到了3.5美元，甚至卖到了3500美元。这时候的他，已经是麦考尔公司的董事长。可是，真正让世人记住他的，却是纽约州的一堆垃圾。

1974年，美国政府为清理给自由女神像翻新而产生的废料，向社会招标。可是好几个月过去了，都没人应标。

他听说了这件事情，立刻从法国飞去纽约。当看到自由女神像下面堆积如山的铜块、木料等，他没有提任何条件，立刻签字。

一些运输公司对他的行为嘲笑不已，因为在纽约，对于垃圾的处理有很严格的规定，弄不好还会被环保组织起诉。就在这些人要看他笑话的时候，他用表现赢得了命运之神的尊重。

他组织工人对废料先进行分类，把铜熔化，铸成小型的自由女神像，然后用水泥块和木头做底座，再用废弃的铅和铝做成纽约广场的钥匙。最后，他甚至把那些垃圾里的灰都包起来，卖给花店。

不到3个月，这堆废料变成了350万美元。他使每磅铜的价格翻了1万倍。

这些在犹太家庭里长大的孩子，他们从小就被母亲用这样的问题来引导："如果有一天，你的房子被烧了，你的财富也被抢了，你要带着什么东西逃命呢？"

孩子们小的时候不懂事，觉得钱是最重要的，所以都说要带着钻石和珠宝逃走，然而这些却不是母亲要的答案。她们会继续问："这个世界上，有一种没有形状、没有颜色、也没有气味的宝贝，你猜是什么？"

孩子答不出来，母亲就会和蔼地说："孩子，要知道，你要带走的，不是钱，也不是钻石，而是智慧。智慧没人能够抢走，只要你活着，智慧就会一直跟着你！你的智慧会让你在一生中都表现出色，从而赢得命运之神的尊重。"

Part 03

宽恕他人，不失为另一种勇敢

海纳百川，有容乃大。能有一个宽广的胸怀，会拥有像大海一样的浩瀚和气魄。宽恕他人，不是退让和惧怕，也不是老实和软弱，而是另一种勇敢。

03

难得糊涂，是一件不容易的事

糊涂的人目光不够敏锐，糊涂的人也不那么挑剔。跟这样的人在一起，人人都会很轻松、很开心。生活在糊涂的人眼中是幸福美满的，而我们想要得到的，不正是这样的人生吗？

古语道：大智若愚，大巧若拙。的确，看看那些非凡的智者，表现往往显得愚钝，那反而是人生的一种境界，能获得快乐和简单的生活。“傻”是一种美德，更能成为一种智慧，因为只有“傻瓜”，才会执着、努力，只有“傻瓜”，才不会去算计得失。让自己糊涂一些，这亦是一种“傻瓜精神”，因为糊涂，才能获得简单和积极向上的人生态度。

小敏毕业那年，像很多求职者一样，在网上到处投简历，终于有一家公司给了她回音。可是，当她怀着无比激动的心情去面试的时候，却发现那家公司的大厅里有50多人怀揣着和她一样的大学毕业证书以及各种荣誉奖状站在那里等候。竞争的激烈程度可以想象，小敏好不容易通过了初试和复试，杀进最后一轮考核——在人力资源部当实习生，为期3天。

部长让小敏把公司去年的文件整理归类，并且录入计算机里存档。起初她做得还算顺利，但是刚过了一天，就在快下班的时候，传来了坏消息：总公司停止招聘新人。

所有正在实习的新人都很不满，纷纷跑到部长办公室去诉苦，部长好不容易在下班以前把大家都送了出去，转身一看，发现小敏还在那一堆文件里忙碌着，于是走到她跟前，说："真是对不起，让你这么辛苦！没办法，这是总公司的决定。回家吧，明天不用来了！"

小敏站起来，说："可是，这些我都弄了一半了，要是别人接手，肯定一时理不清头绪，再说，活儿没干完我心里也不踏实啊……我明天再来一趟吧，估计一上午就差不多了！"

其他人听到小敏的话，都骂她缺心眼，白白出力还不给工资，倒不如赶紧去其他公司应聘。小敏只是笑，什么都没说。

第二天小敏离开公司的时候，桌子上放着一排排装订整理好的文件夹，计算机里也都做了备份。

此后的两个月里，小敏的面试都石沉大海，她的心情很低落。恰巧在这个时候，部长打来电话，说公司现在缺人，想重新招聘她回去工作。原来，部长在和总公司经理陈述招聘工作的时候，对她这个具有"傻瓜精神"的求职者印象颇为深刻，所以特地为她争取了机会。总公司经理也对这个女孩充满好奇，就这样，公司又把小敏招了回去。她便正式成为这家公司的员工，心里无比欢喜。

是什么让当初被大家嘲讽的小敏笑到了最后？正是傻瓜精神。正是这种不计较的精神，让她在激烈的竞争中脱颖而出，成为职场上的胜利者。

被称为“世界财富标记”的洛克菲勒家族曾做了一件傻瓜一样的糊涂事。

第二次世界大战之后，为了协调处理世界事务，战胜国决定在美国的纽约成立联合国。等到一切准备都已经就绪，人们突然发现纽约居然没有属于联合国的地盘。

这时，洛克菲勒家族宣布愿意花870万美元在纽约买下一块地，然后无偿赠送给联合国作为办公地点。870万美元对于刚刚经历过一场世界大战的美国乃至全世界来说都是一笔不小的数目。洛克菲勒家族却将这笔钱无偿赠给了一个和自己毫不相干的联合国，这让很多人都无法理解，甚至有不少人都嘲笑说这是一件只有傻瓜才做得出来的糊涂事。

但是，洛克菲勒家族对此没有发表任何看法，只是默默地买下了那块地及它附近的很大一块地。让人惊讶的是，在联合国大楼完工之后，它周围的地价开始飞涨，高出870万美元数十倍的财富被洛克菲勒家族收入囊中。

或许正是这种敢于吃亏的傻瓜精神成就了洛克菲勒家族的“财富神话”。生活中，总会有那么一些看似傻瓜一样的聪明人，在糊涂的吃亏之中学到了许多智慧，获得了那些“聪明人”也望尘莫及的成功。

人的一生是有期限的

人就这么一辈子，想不开的时候，就想想这句话，时刻怀揣一颗感恩的心，对待周遭的一切。无论怎样，你要相信，你都是最幸运的那个，“江湖恩怨”在这个过程中显得不再那么重要，重要的是你正在如何享受人生。

人只活一次，就这么一辈子，这话听起来有点消极，但是如果你用积极的心态去聆听，那么它就是积极的。因为人就这么一辈子，所以软弱的时候要让自己变得勇敢，骄傲的时候要让自己变得谦逊，颓废的时候要让自己变得积极，做一个拿得起放得下的人，凡事别去斤斤计较，这样不是挺好？

人就这么一辈子，没时间去争抢，没时间去苦恼，没时间去加深仇怨，这样想来，是不是什么心结都解开了？人就这么一辈子，你有多少时间是在为自己而活？有多少时间是在让自己过得快乐？何其珍贵的一辈子，一定要好好地把握！

法国大文豪卢梭在11岁的时候爱上了大自己11岁的费尔

松小姐，他被她的清纯和美丽深深吸引，与此同时，费尔松小姐也喜欢他，于是两人陷入了轰轰烈烈的爱情。

没过多久，卢梭发现了费尔松的秘密。原来，费尔松和卢梭在一起，只是为了刺激另一个她正在暗恋的男人，目的是为了让他吃醋。她说："只不过是为了掩饰一下罢了！"卢梭脆弱的心被深深地伤害了，他受到了极大的打击，他在心里默默发誓，以后离这个女人远远的，再也不会见她。

时光飞逝，20年匆匆而过，这时候的卢梭，已经声名在外。他回到家乡，在一艘小船里看到了费尔松小姐。她看起来很憔悴，神色黯然，衣着也非常寒酸，完全没有了往日的风采。如果换成别人，一定会走上前去旧事重提或者冷嘲热讽，让她后悔，甚至无地自容。毕竟，这是多么难得的复仇机会啊！哪怕只是走过去，打个招呼，也会让费尔松觉得颜面无存。

可是，卢梭却选择了转身离开。他觉得，人就这么一辈子，过去的就过去了，和一个40多岁的女人翻旧账，实在是毫无意义。他就是这样一个宽容的人，因为宽容，他的人生中充满了轻松和乐趣。在他看来，宽容就好像是一双灵巧的手，能够打开任何因时间和伤痛系成的死结。

过去的就让它过去，这种豁达的态度、这颗包容的心，实在是难能可贵。

有一次，哥儿几个相约一起去老三家看球。男人在一起看球，总是离不了烟酒，而老三抽烟尤其严重。直到比赛结

束，大家才发现，不知不觉中他们已经抽了3包烟。在整个看球的过程中，老三的老婆也在一边陪着他们，可是她什么都没说，只是在恰当的时候站起来到窗边打开窗户，让空气流通。大家都觉得奇怪，就问她："你怎么不管管老三让他不要抽烟呢？"

老三的老婆微微一笑，道："我也知道吸烟不好，危害身体健康。但是，如果抽烟能让他觉得快乐，我干吗要阻止呢？我宁愿让老三快快乐乐地活到60岁，也不想让他心不甘情不愿地活到80岁。毕竟，钱买不来快乐啊！"

两年以后再看到老三，发现他已经戒烟了。大家都觉得奇怪，老三是这样说的："老婆能为我的快乐着想，我又怎么忍心提前20年离开她呢？"说完，他憨憨地笑了。

人就这么一辈子，你能替我考虑，我为什么就不能替你考虑呢？你乐，我乐，大家乐，成就幸福快乐的人生。

愉悦自己，温暖他人

好心情贵在体会。世间百态，物欲横流中，不被攀比所烦；洞察自我，了解内心时，不会有所怀疑。一份好的心情即是人生最大的财富。因为豁达，世界对着你微笑；因为宽容，生活对着你微笑。

人的一生并不容易，会忧伤会寂寞，但是也会开心和快乐。

心情伴随着我们成长，好的心情让人感觉如沐春风，坏的心情让人感觉似乎跌入谷底。

朱德元帅曾有诗云：“开心常见胆，破腹任人钻。腹中天地宽，常有渡人船。”

它教给我们：人生，就要拿得起放得下，若是放下了那些想不开的事情，精神自然会愉悦，心情自然就会变好。

想拥有一份好的心情，说难不难，说简单也不简单，要从品质、人格和道德修养上综合考量。

然而，后天努力也尤为重要，比如，顿悟的能力、对生活的态度、处事的态度。

可以肯定地说，若是能守住内心，拥有一颗沉稳、广博、宽大的心，就一定会收获一份好心情。

公司里的人都不怎么喜欢约翰，因为大家觉得他是一个让人头痛的人。

比如，上一次，他明明看到仓库大门忘记锁上了，可是他没把门顺手带上，而是独自去告诉了老板。老板大发雷霆，打电话给山姆，说如果他不能立刻回来锁门，第二天就不用来上班了。

还有一次，约翰给办公室发回来的传真上面写着一大堆的"赶快""赶快""赶快"，可是在其他时候，他做事情是最拖拉的一个人。

似乎约翰从来都不会做错事情，因为错误都有别人扛着。

这天午休，凯瑟琳带来一个大大的苹果，她一个人吃不完，于是分给约翰一大半，而且是果肉多的那一边。

她觉得，好东西要与人分享嘛！既然是送人，就要送别人自己喜欢的，这样别人也一定会喜欢。

约翰冷冷看了一眼，说："我吃苹果要削皮的，而且要切小块。"

凯瑟琳愣了，半天才反应过来，气就不打一处来，明明已经给他最好的了，他还这样。

刚想离开，她又想：这不正是考验我的时候吗？干吗要和他斤斤计较呢？你对我不好，我变本加厉，那人和人之间还能相处吗？关系肯定越来越紧张了。我每天在这里工作8小时呢，总不能以后都不见了吧？不能因为这样的事情就闹情绪或者心理不平衡呀！也许他也正气着呢！所以，我应该试着理解他，不求回报。

过了一会儿，凯瑟琳拿来了苹果，切得整整齐齐的、小块的，完全符合约翰的要求。

约翰看到苹果，欲言又止，眼睛里充满惊讶，脸上写满感动。

第二天，约翰特地买来一盒果仁巧克力送给凯瑟琳。凯瑟琳还开心地分给同事，特地说明：“是约翰送给大家的哦！”大家欣喜地接受。此时此刻，约翰感动得不知说什么才好。

后来，约翰变了很多，凯瑟琳从这件事情中感觉到，恶意只会让事情无法收拾，而善意的力量、宽容的力量，却大得出乎意料。

也许，每个人都在等待一个契机，宽容别人或者被别人宽容，这样才能收获一份真正的好心情。

凡事不去计较，坦然面对得失，用包容的心态去面对人生，好心情才会时刻伴随左右。

洛基在一家酒吧里吹萨克斯，虽然收入不高，但是他总是乐呵呵的样子。大家都不知道他为什么这么乐观，他说：“我心胸宽广，所以有一份好心情。”

洛基喜欢车，可是他的收入微薄，买不起车。于是每当他和朋友在一起，都会感慨："要是我有一辆车就好了。"

他的眼神中充满了向往，逗得朋友发笑。朋友说："那你去买一张彩票吧，中奖了就有车了！"

于是，洛基用两美元换得一张彩票。幸运的是他中了个大奖。洛基终于如愿了，他用全部奖金买了一辆车。

人们总能看到他美滋滋地吹着口哨开着车在林荫路上兜风，车也被擦得一尘不染。

然而，不幸发生了。这天，洛基把车停在楼下，半小时以后，他的车被盗了。

朋友们知道了这个消息，纷纷跑来安慰他。洛基本来爱车如命，又是几万美元买的车，一下就没了，肯定受不了这样的打击。

朋友们说："洛基，车虽然丢了，但是你千万别太悲伤！"

洛基大笑着说："我干吗要悲伤啊？"

朋友们很疑惑。

"要是你们丢了两美元，你们会悲伤吗？"洛基接着说道。

"要是两美元，当然不会了！"朋友们回复。

"那不得了，我就是丢了两美元啊！"洛基又笑了。

为什么在伤心的时候和自己较劲

心有多宽，心情就有多好。妥协是一条路，顺着这条路走，总会告别伤心。永远别和自己过不去，让自己多一分包容，工作压力其实并没有那么大，婚姻生活其实并没有那么糟，朋友伙伴其实并没有那么坏，你的生活其实并没有那么不如意。包容之后再看看，是不是生活开始有条不紊、顺风顺水起来了？

大千世界，芸芸众生，每个人追求的都不尽相同。

当她和他谈恋爱的时候，第一次削梨给他吃，她削梨的样子非常特别，反着削，而且削下去了许多梨肉。他看见了，笑着从她手里拿过梨，说等她削好了，他也只能吃梨核了。从此以后，他再也不让她削梨了，但其实只是怕她伤了自己的手。

后来他们结婚了。婚后，她才发现他是真地很爱护她。她不会做任何家务，哪怕是简单的洗碗也不会。他几乎包揽了家里一切他能做的家务。她喜欢写文章，业余的时间都用来爬格子了。他理解她，每次她写东西的时候，他都会在旁边给她放她喜欢听的CD，然后安静地坐在一边，默默地削着一只梨。他削的梨肉厚且完整，而且还非常细致地去了核，切成小块插上牙签给她吃。她觉得他削的梨是这个世界上最好吃的梨，因为那里面包含着别致的爱的味道。

她写文章一直不太顺利，投稿的作品基本上都石沉大海，只有寥寥无几的回音和微薄的稿费。她笑自己不值，但仍然不肯放弃手中的笔。写文章就像吸鸦片，一旦沾染上了，便再也戒不掉了。

她的这种情况一直到遇到米安才有所改变。米安是一家报社的主编，在一次笔友联谊会上，他们相识了。他不凡的谈吐举止给她留下了非常深刻的印象，而她的美丽像春天的第一枝水仙在他的眼中停留下来。他说他是她的伯乐，他要她带给文坛一次春天。

在米安的指导下，她的写作能力突飞猛进，很快就成了圈中公认的才女。而之前她的那些石沉大海的文章，都突然地浮出了水面，并且受到了非常大的关注，不久之后她的第一本处女作问世了，而且销量非常好。她沉浸在巨大的成功喜悦中。米安的博学多才以及作为一个男性的成熟魅力，使她的爱发生了偏移。虽然她知道他并不能给她带来什么承诺，因为他是个有家室的人。可是她最终还是义无反顾地爱上了他，就像当初迷上写作一样，她吸食了更大剂量的鸦片。

为了米安，她决定和丈夫离婚。那天晚上，她坐在电脑旁，一个字也没有写出来，几次话到嘴边又咽了回去。他看出了她的犹豫，正在削的梨皮突然从手中滑落，他不知道是在怎样的心情下听她说完离婚的理由，总之，手中的梨皮不停地滑落、滑落。忽然，一不留神，刀子划破了他的手。血顺着手指滑落下来，他感到心里隐隐作痛。可是他依然削好了去核的梨给她。她接过梨，在咬下第一口的时候，眼泪忽然流了下来，原本好吃的梨在她嘴里忽然没了味道。

他们终于离婚了，在她感到万分轻松的同时，一抹疼痛开始在她心里蔓延开来，无法遏止。他其实比她还痛，可是他依然选择了离婚。他爱她，但是他知道，她有自己的追求和理想，他应该尊重她。他以为只要有爱，就可以给她幸福，可是此刻他知道，放开她，才是让她幸福的方式。他不想为难她，也不想为难自己，虽然伤心，但是一切终究会过去。谈不上宽恕，但是他在心里，早已经原谅了她。

他的淡然让人感到了一种超然的善良。面对她给他带来的伤害，他宽恕了一般人无法宽恕的情感背叛。他用超然的大爱，用宽恕的魔法，化愤怒为平静；他用他的自尊将之前的伤害，化成一场已经离去的噩梦。

噩梦醒来，天依然是那么蓝，地依然是那么绿，生活依然是那么美好，一切都犹如重新来过。宽恕伤害你的那个人，实际上就是宽恕你自己。

包容是为了更好地拥有

包容是人生最大的智慧，患得患失的人做不到，斤斤计较的人做不到，处处争先的人做不到，自以为是的人做不到。可是一旦做到，就会受益良多，从宽容大度到淡然从容，人生修行的境界，不过如此。

生活中，我们都曾被伤害，无法免俗的结果，就是充满怨恨。有这样一个比喻，一块盐巴，放在一杯水里，水会立刻变咸，难以下咽。可是将同样一块盐巴放到湖水中，湖水却丝毫没有改变。因为湖泊够大，它的宽容能够稀释盐巴的咸味。可见，越是包容，生活中就越少怨恨；包容得多，拥有得自然不会少。

金无足赤，人无完人。想要拥有得多，就要包容得多。用博大的胸怀去包容周围的一切，身边的朋友会越来越多，生活也会越来越美好。

有这么一个故事。某一天，阎王对两个小鬼说：“你们两个都可以去人间投胎重新做人了，现在我手里面有两个名额：一个呢，是从生下来就要忙着给别人东西；另一个呢，是一生都从别人那里拿东西。你们两个愿意做哪一个呢？”

小鬼甲心想：我当然要得到得多，凭什么把这么好的机会让给乙呢？所以抢先一步跪地向阎王说道：“阎王大人，我要做那个一生从别人那儿索取东西的人。”而小鬼乙则很包容小鬼甲，他什么都没说，微微地笑了一下，选择了一生都要付出给予的那一个。

阎王笑了笑，其实他早已心中有数。他精神一振，宣判道：“下令小鬼甲投胎去人间做一个乞丐，到处向别人要东西吃；小鬼乙投胎到富贵忠厚的人家去，经常接济穷人。”

原来，只有包容，才能拥有。

海姆向来对自己要求严格，同时也苛刻地要求身边的朋友。

其实，海姆很聪明，对周围的人也很热情，又非常喜欢结交朋友。可以这样说，他完全无法忍受没有朋友的那种孤单和寂寞。然而他又绝不允许朋友身上存在一丝一毫的缺点和毛病，甚至不允许存在与他自己不同的性格和为人处世的方法。一些朋友在和他保持一段时间的友谊的时候，只能时时刻刻地压抑着自己。可是，压抑自己是非常折磨人的事情，谁也不能长久地坚持。

于是，海姆在热情结交新朋友的同时，也在失去老朋友。久而久之，他身边连一位朋友也没有了。

还有这样一个人，他嗜酒如命，有酒必饮，饮后必醉，醉酒后行为失控，经常闹得周围人家彻夜难安。因为这个缺点，很多身边的朋友每次遇见他都如见蜂蝎，唯恐躲避不及。然而有一位老朋友，每次都可以和这个人奉陪到底，并且在酒后竭尽全力地阻止他的失控行为，并且还特意把他平安地送回家中。

在他们共同的朋友中，有个朋友的性格非常暴躁，言语极其刻薄刁钻。在朋友们聚会的时候，不知道谁的一句不经意的话，就会惹得他暴跳如雷，甚至摔碎餐具、摔坏座椅。有时他还会突然说出几句尖酸刻薄的话语，让某个朋友颜面扫地，无地自容。再后来，身边的朋友都对他“退避三舍，敬而远之”。只有这位老朋友还依然和他保持着联系。

有些人很不能理解这位老朋友，甚至有朋友说：“能和那种人做朋友，你身上肯定也有那种人的一些毛病。”但不管别人怎么不理解，怎样说他，他总是这样回答：“其实我们每一个人身上都有自己的个性，每个人身上都有别人所不喜欢，甚至非常讨厌的东西。但我们之所以能成为朋友，就是因为我们身上都有彼此喜欢的东西。多一些宽容和理解！宽容我们所不喜欢、讨厌的，珍惜我们所喜欢的……这样，才能拥有得更多啊！”

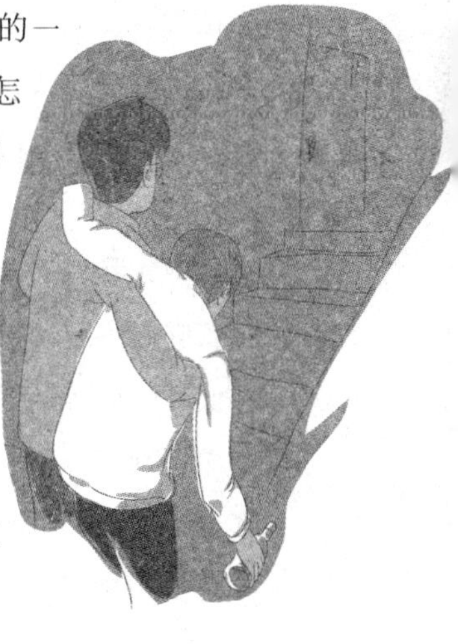

怨恨能带来些什么

人生苦短，来去匆匆，生活中充满了快乐和痛苦、幸福和不幸。一个聪明的人，绝对不会让生活充满怨恨。因为乐观豁达、不去抱怨的人生，才是美好的人生；充满温情和友爱的人间，才是动人的人间。

生活像一首诗，抑扬顿挫才好听；生活像一片蔚蓝的大海，潮起潮落才壮阔；生活像一把琴，有高音低音才动听。

若是因为遭遇了低谷便怨恨生活，那你就会失去最基本的快乐。

生活中，我们都曾遭遇不幸，怨恨别人，自己更是难以放下，何苦呢？毋庸置疑，怨恨会让人失去快乐。

我们每天都在做事情，都觉得自己有道理，可是有道理并不意味着正确。

这天，一家公司的老板火冒三丈地训斥了部门经理。

经理气急败坏地回到家，大声训斥自己的妻子：“你真是浪费时间，你看看，餐桌上的菜竟然那么多，又费钱又费力，你是自找苦吃！”

妻子郁闷了，大声训斥儿子：“你说说你，干什么都慢悠悠的，你是得了老年病吗？”

儿子更郁闷，他大声呵斥保姆：“我家的盘子你说打破就打破了，你知道这盘子多贵吗？你用一个月的工资都买不起！”

保姆郁闷地去扔碎的盘子，不巧伤到了路上的一位行人。

行人是一位妇女，她哭闹一通后才答应去医院治疗。

她的内心充满了怨恨，她大声呵斥护士：“你怎么那么笨，你把我弄痛了！”

护士回到了家，她充满怨恨地抱怨母亲：“你做的菜怎么不是咸了就是淡了，永远不合我的胃口！”

母亲是唯一一个没有发脾气的人，她很温和地说：“孩子，明天我一定给你做可口的。你忙了一天，肯定很累，休息吧，我刚给你换了一床新的被子……”

女儿笑了，她重新获得了快乐。

“怨恨循环”终于在这个环节终止了。不然，指不定要循环到哪里去。

母亲的包容融化了怨恨。她的善意理解和关爱消除了怨恨，开始了一段“善心的循环”。

很久很久以前，有一个叫爱地巴的人，他每次和人争吵、生气的时候，都会以最快的速度跑回家去，绕着自己的房子和土地跑上3圈，然后气喘吁吁地坐在田边喘气。

爱地巴非常勤劳，经过他的劳作，他家的房子越来越大，他家的土地也越来越广……

但是不管他家的房子有多大、土地有多广，只要他与人争吵、生气时，他仍然会绕着房子和土地跑3圈。

“爱地巴为什么每次生了气都要绕着房子和土地跑3圈？”

所有认识他的人心里都非常疑惑。但是不管众人怎么问他，爱地巴就是不愿意说出来。

直到有一天，爱地巴已经很老了，而他的土地已经变得非常非常广阔了。

他生了气，拄着拐杖艰难地绕着房子跟土地一步步地走，

等到他好不容易走了3圈，太阳都已经下山了。

他独自一人坐在田边喘气，他的孙子在身边恳求他：“爷爷！您已经这么一大把年纪了，这附近也没有人拥有比您更多的土地了，您不能再像从前那样，一生气就绕着土地跑啊！您能不能告诉我为什么您一生气就要绕着土地跑3圈呢？”

爱地巴禁不住孙子的执拗和恳求，终于说出了那个隐藏在心中多年的秘密。

他说道：“年轻的时候，我和别人吵架、争论、生气，就要绕着土地跑3圈，边跑边想我的房子这么小，我的土地这么少，我哪有时间、哪有资格和别人生气？一想到这，我的气就消了，于是就把所有时间用来努力工作。”

这时，孙子又问道：“爷爷！您现在年纪大了，而且已经变成最富有的人了，为什么还要绕着土地走？”

爱地巴笑着说道：“我现在还是会生气呀，生气的时候绕着土地走3圈，边走边想：我的房子这么大，我的土地这么多，我又何必与人计较？一想到这里，我就不再有所怨恨，内心也就充满快乐了！”

在不同的时期，虽然当时的心态不同，但是能处在不同的角度，最后都因为放下怨恨而获得了快乐，这样多让人高兴！

人生路由自己铺设

抽身退步，早留后路。事情越复杂，就越要宽容以待。给别人一点宽容，就是给自己留条后路。宽容，不仅为自己提供了一个温馨和谐的环境，更为自己营造了一个能进能退的空间。

凡事不要做绝，给自己留条后路。

江湖恩怨也好，世事无常也罢，鱼死网破也许能解一时之气，但绝对不是智者的选择。宽容别人，更是宽容自己，用这样的心态处事，不仅能化敌为友，更能受益良多。

这天，一位大师刚想开门出去，一位身材魁梧的大汉突然闯了进来，并且猛力地撞到他身上，差点撞碎他的眼镜。

本来应该道歉的，谁知那位魁梧的大汉非但毫无愧疚之意，还理直气壮地喊着：“活该！”

大师笑了笑，什么都没说。

大汉看到大师这反应，一阵惊慌：“我说，你怎么都不生气呀？”

大师想借此点化他，就说："我为什么要生气呢？即使生气，我的苦痛也无从消解。而且，若我生气，就只会放大事端，也许还会造成更多的恶缘。如果我早一分钟或者晚一分钟开门，咱们都不会撞上。不过这一撞，说不定你帮我消除了业障呢！所以我不生气，也算是为自己留一条后路吧！"

大汉听了很感动，若有所悟地离开了。

后来，大师收到一封挂号信，信封里是5000元钱，正是那个大汉寄来的。

他说大师教会他用一颗宽容的心对待别人，本来自己生活中发生了一些变故，他想着和对手殊死一搏，可是遇到了大师，从大师这里他学会了宽容待人。

大汉从此明白宽恕别人更是善待自己，这一课，有人一辈子都学不会。

宽恕别人，就是给自己多留出一条路，说不定在什么时候，这条路就派上了用场。

从前，马其顿帝国的国王亚历山大大帝骑马旅行至俄国西部。

一天，他来到了一家乡镇客栈。为了进一步了解民情，他决定徒步旅行。

当他穿着没有任何军衔标志的平纹布衣走到一个三岔路口的时候，却记不清回客栈的路了。

亚历山大大帝无意中看见了一位军人站在一家旅馆门口，于是他走上前去，问道："你好，朋友。你能告诉我去客栈怎么走吗？”

那位军人叼着一个大烟斗，头一扭，傲慢地把这个身穿平纹布衣的旅行者上下打量了一番，回答道：“朝右走！”

“谢谢！”亚历山大大帝又问道，“请问朋友，我离客栈还有多远？”

“1000米。”那个军人硬邦邦地说，并瞥了亚历山大一眼。

亚历山大转身向这位军人告别。刚走出几步却停了下来，转身又回去了。

他对这位军人微笑道：“请原谅，我可以再向你问个问题吗？如果你准许我问的话，请问你的军衔是什么？”

军人猛地吸了口烟，说：“猜一猜吧！”

亚历山大风趣地问道：“中尉？”

那个烟鬼摆出了一副高高在上很了不起的样子说：“还要高一些。”

“那么，你是少校？”

“是的！”军人高傲地回答。

于是，亚历山大敬佩地向他敬了个礼。

少校随即转过身来摆出一副对下级说话的高傲神态，问道：“假如你不介意，请问你是什么官？”

亚历山大笑呵呵地回答道：“你猜一猜！”

“中尉？”

亚历山大摇了摇头说：“不是。”

“上尉？”

“也不是！”

少校走到了亚历山大身旁，又仔仔细细地看了看，问道：“那么你也是少校？”

亚历山大镇静地说：“继续猜！”

少校取下了嘴里的烟斗，此前高傲的神情突然一下子消失了。

接着少校用十分尊敬的语气低声问道：“那么，您是部长或者是将军？”

“快猜对了。”亚历山大笑着说道。

“殿……殿下是陆军元帅吗？”少校顿时开始结结巴巴。

亚历山大耸了耸肩：“我的少校，再猜一次吧！”

“皇帝陛下！”少校的烟斗从手中掉落到了地上，猛地跪在亚历山大大帝面前，慌忙地喊道，“陛下，请饶恕我！陛下，请饶恕我！”

“饶恕你什么？朋友。”亚历山大大帝笑着说，“你没有伤害我，我向你问路，你也告诉了我，我应该谢谢你呢！”

原谅对方，是解脱自己

不要执着于别人一时的错误，原谅他们，不仅是对他们的宽容，更是对自己的一种解脱。宽容是一种智慧，是一种爱，你原谅别人的同时，别人也会宽容你。做到宽容，你不仅会赢得他人的感激，还能够使自己走出仇怨的圈子，心胸豁达。

英国有句谚语：“犯错是人性，宽容是神性。”每个人都不可避免地会犯错，而很多人会比较轻易地原谅自己的错误。可是，有几个人能够在别人的错误面前表现出大度、宽容呢?

当你因为别人的错误给自己造成伤害而生气、烦恼时，你就会陷入这种消极的情绪中无法自拔。如此一来，不但没有办法去做别的事情，更会因为心情不佳而伤害自己的身体。与其这样，不如试着原谅他人的错误，让自己从消极的情绪中解脱出来。

有这样一对夫妇，他们直到40岁才迎来生命中的第一个孩子，也是他们一生中唯一的孩子，他们为此感谢上天的眷顾。然而，在他们60岁的时候，却不得不接受上天的打击，他们唯一的儿子，在20岁的大好年华，因为一场车祸而失去了生命。

警方告诉他们，肇事者是一个同样20岁的年轻男孩。他驾驶的汽车飞快地闯过红灯，撞上了正在过马路的这对老夫妇的儿子。警察抓到他的时候，他满身酒气，很显然喝了很多酒。这对老夫妇听着警察的讲述，对这个撞死了他们儿子的凶手充满了怨恨，他们决定一定要让他受到应有的惩罚。

夫妇俩以谋杀罪把那个年轻的男孩控告上了法庭。在法庭上，年轻男孩一直在为自己开脱，为自己辩护。这让这对老夫妇觉得忍无可忍，妻子恨恨地对丈夫说："如果哪天我在路上碰到他，我一定用车撞死他！"丈夫显然要比她更加理智，但是，面对这个年轻男孩的错误给他带来的伤害，他还是无法原谅。"你这样冲动也解决不了任何问题。我们应该用法律手段把他送上电椅。"他说。妻子看着他说："到时候，我要亲眼看着他在电椅上痛苦地死去！"

仇恨让这对夫妇显得更加衰老。等待法庭判决的日子里，他们忍受着仇恨和痛苦的折磨。每当他们想起那个撞死他们儿子的凶手，就会想到已经离开的儿子，这让他们的生活陷入了暗无天日的悲伤之中。

然而，法庭的审判结果却迟迟未出来。这对老夫妇的仇恨在等待中不断地发酵，他们要让那个年轻男孩替自己儿子偿命的想法越来越强烈。于是，他们开始联合一些社会上的力量，不断地给法庭施加压力，反对法庭对醉酒驾驶者宽大处理。

3个月后，法庭的判决结果终于出来了。年轻男孩承认了老夫妇的指控，因此被判处10年徒刑。审判结果宣读之后，法庭破例放映了老夫妇的儿子生前的照片和视频片段，年轻男孩在照片和视频面前流下了悔恨的泪水。他哽咽地说："我杀死了他，这是我一辈子也无法弥补的过错。我不应该喝醉了酒还开车上路，这是我的错。我应该给他偿命，我要对他的父母说对不起！"

本来想再次反对法庭从轻处罚的老夫妇在年轻男孩的眼泪面前惊讶了，他们本以为男孩会找理由为自己开脱。这一刻，他们想起了儿子临终前的那句话："你们一定要原谅他！"

于是，他们走到年轻男孩的身边，伸出手抚摸安慰他。突然，他们又闻到了浓重的酒气。"你还在继续酗酒？"老妇人气愤地说。

年轻男孩显然有些羞愧："不、不，其实我已经很长时间没喝酒了。但是，撞死你们的儿子让我非常懊恼，我每天晚上都难过得无法入睡。为了减轻内心的愧疚和痛苦，我每天晚上睡前都会喝一点酒。我觉得所有人都看不起我，只能借酒消愁。"

看着他懊恼的神情，尽管心中依然抱怨他撞死了自己的儿子，老妇人还是严厉地说：“你一定要戒酒！否则，我儿子的命便是白送了。”

听到她的话，年轻男孩惊讶地抬起头，看着她说：“你为什么要关心我？我撞死了你的儿子。”

“因为我已经原谅了你。我想，这也是我儿子希望我做的事。”

从那之后，老夫妇每周都会去狱中看望年轻男孩，督促他戒酒。而年轻男孩由于在狱中表现良好，也获得了减刑。在他出狱那天，老夫妇来接他。他给了他们一个大大的拥抱，说：“谢谢你们的宽容！我一辈子都感谢你们给了我重新面对生活的勇气。”

从此，这个年轻男孩像对待自己的亲生父母一样照顾着这对老夫妇。因为懂得原谅，老夫妇在失去一个儿子之后又获得了一个“儿子”。

如果这对老夫妇没有原谅年轻男孩，恐怕这个男孩从此就会在悔恨和内疚中失去生活的勇气，再也无法获得快乐，而这对老夫妇也不可能再得到一个“儿子”。

永远不要想着去报复别人对自己的伤害，那只会让你受到更大的伤害。原谅别人能够使你走出仇恨的阴影，让你不再把时间和精力浪费在已经过去的事情上面，勇敢地走向未来。

请把宽容留下来

不要把你的心灵锁在怨恨、郁闷、沮丧里，应该用宽容的阳光驱散它们的阴霾，释放自己的心灵。如果别人的伤害没有激起你的愤怒，反而得到了你的宽容，你也就提升了自己的人格，拥有了高贵的魅力。

在生活中，如果无法做到百分之百地宽容别人，那就试着留出百分之一的宽容吧。虽然这只是非常小的一点宽容，却能够让我们在抱怨、仇恨中有一个透气的小孔。

随着生活越来越忙碌，人的心情也越来越浮躁。在身心俱疲的情况下，人常常会对很多人和事失去耐心，更别提宽容了。甚至一点小事都有可能引出一连串的抱怨和责备。事实上，当一个人因为生活中的一点小事而发怒、抱怨的时候，也就失去了本真。

在一家菜市场，聚集着来自五湖四海的菜贩子，他们之间的竞争非常激烈。有一个来自安徽的女人非常能干，她卖的菜不但很新鲜，还总是整理得很干净，所以大家都愿意买她的菜。久而久之，其他的菜贩子就开始心生怨气。每天晚上收完摊之后，他们就偷偷地把自家的垃圾倒在安徽女人的摊位前。

谁知这个安徽女人不但没有生气，反而每天早上提前来到菜市场，把摊位前的垃圾清理干净之后，再不动声色地摆上新鲜的蔬菜，开始做生意。

一个星期之后，一个和她一起卖菜的安徽老乡实在看不下去了。他非常生气地说："你怎么这么懦弱！那些人要是这样欺负我，我绝对不会轻饶他们！走，我去帮你教训他们！"

安徽女人却拉住了老乡，笑着说："何必这么认真呢？大家都一起做生意，他们也不容易。不就是一点垃圾吗，清理一下就好了。你忘了吗，在我们老家，大年三十晚上都会把垃圾往屋里扫，却不能往外倒，因为这些垃圾都象征着财富。

"垃圾越多就说明新的一年挣的钱越多。他们现在不就是在给我送钱吗？你没发现我最近的生意越来越好了？"

听她说完，老乡无奈地和她一起笑起来。而从那之后，居然再也没有人往那个安徽女人的摊位前倒垃圾了。她的宽容也成了那个菜市场茶余饭后的精彩故事。

面对别人的刁难，这个女人用不动声色的宽容给对方留足了面子，也给自己留下了一个好心情。最重要的是，她用这一点点的宽容化解矛盾，赢得了尊重。其实，人只需要在生活中留下百分之一的宽容给别人，就能收获百分之百的爱和机会。

“二战”结束前的一年冬天，苏联俘虏了大批的德国士兵。这个时候，正是莫斯科最冷的时候。对于尚未习惯这样的严寒的德国战俘来说，大团的雪花、呼啸的北风已经使他们的身心都受到了严厉的惩罚，但是，他们依然被要求排成队穿过莫斯科大街。

深受战争之苦的莫斯科群众几乎用愤怒点燃了严寒中的空气。这些战争中的幸存者几乎都在战争中失去了亲人，对于入侵的德国人，他们的仇恨刻骨铭心。他们站在莫斯科大街的两边，待德国战俘经过的时候，他们就会愤怒地呐喊，恨不得冲上去杀了这些战俘，为自己的亲人们报仇。

已经被寒冷折磨得筋疲力尽的德国战俘低着头、胆战心惊地从这些愤怒的群众面前缓缓走过。从他们的脸上再也看不到昔日的光彩或残忍，剩下的只有恐惧和无助，甚至还有饥寒交迫下的狼狈。

这时，突然有一位老妇人走出了愤怒的人群。从她的脸上，人们看不到一丝仇恨。她平静地和警察交涉，希望能够走进警戒线，她说她有东西要送给这些战俘。警察没有理由拒绝这样慈祥的老太太，她显然没有什么恶意。

在警察的陪同下，老太太慢慢走近那些战俘。大家都一脸狐疑地看着她，不知道她要干什么。但是，大多数人都猜测她是要去替自己的亲人报仇。

然而，让大家意想不到的是，她来到战俘身边之后，颤抖着双手从怀里掏出一个用一块洗得看不清颜色的布包着的小包裹。等到一层又一层的布被打开之后，大家看见了一小块黝黑的面包。更让大家惊讶的是，这位老太太居然把这块面包递给了一个冻得浑身发抖、疲惫不堪的年轻战俘，嘴里还说着：“天太冷了，吃点东西补充一点能量吧。不过，就剩这么点了，真不好意思。”

在人群尚未反应过来之前，年轻的战俘已经流着泪给这位老太太跪下，磕了几个响头。其他战俘也被这一份宽容所感染，纷纷跪下，向人群不断地磕头。

愤怒的人群瞬间被这个场面所感动，不再呐喊着要报仇，反而纷纷拿出自家的食物给战俘。

释迦牟尼说：“以恨对恨，恨依旧存在。以爱对恨，恨自然消失。”这位老太太在极大的仇恨和愤怒中，用一块黝黑的面包，用这百分之一的宽容赢得了敌人的忏悔、友人的尊敬。

在这个故事的结尾，作者这样写道：“这位善良的妇女，用宽容化解了众人心中的仇恨，并把爱与和平播种进了所有人的心中。”

宽容是心灵的一种选择。一颗宽容、善良、美好的心，能够使我们像太阳一样发出光芒，给身边的人都带来温暖，也为自己带来灵魂的自由和高贵。

有一种魄力，叫顺其自然

就让一切顺其自然，该奋斗奋斗，该努力努力，该希望希望，该放弃放弃，该平静平静，该接受接受，该坦然坦然，该成功的时候，自会成功！你的存在，不单是为了自己，还为了一切爱你的人。所以，请在有限的时间里，让自己的心情像钟摆一样顺其自然。

人的一生，多说也就3万多天，过一天少一天。即使这样，生活还是会被各种不如意骚扰，就像天空中那团阴沉沉的云，看着就烦，让人难以展开笑颜。然而，你的眼睛若不那么挑剔，不那么一直盯着乌云看，而是顺其自然地过自己的生活，最后也许会发现，其实那团云对你根本就没什么影响。

有一种心情叫作顺其自然。因为有了这种心情，你会变得更加珍惜生命中有限的时间，每天都过得潇潇洒洒、愉愉快快，每天都哼着歌，这样的日子，岂不快哉?

禅院草地上的草都枯死了。小和尚看在眼里，对师父说：

“师父，快点再撒点种子吧！这片草地太难看了。”

师父说道：“不用着急，什么时候有空了，我再去买一些种子回来。什么时候都能撒种子，为什么要着急呢？随时都可以！”

中秋节那天，师父把种子买了回来，交给了小和尚，对他说道：“去吧，你去把种子撒在地上。”这时候起了风，小和尚撒出的种子有不少都随风飘走了。

“不好，好多种子都被吹走了！”小和尚说道。

师父说：“没关系，吹走的多半是空的，即便撒下去了也发不了芽。担心什么？随性！”

种子撒上了，许多麻雀飞来，在地上专门挑饱满的种子吃。小和尚看见了，着急地对老和尚说：“不好，种子都被小

鸟吃了！这下可完了，明年这片草地就没有小草了。”

师父说：“没关系，种子多，小鸟是吃不完的，你就放心吧，明年这里一定会长出小草的！”

夜里下起了大雨，小和尚一直不能入睡，心里暗暗地担心种子被雨水冲走。第二天一大早，小和尚早早地就跑出禅房，果然地上的种子都不见了。于是他马上跑进师父的禅房，说道：“师父，昨天晚上一场大雨把地上的种子都冲走了，怎么办呀？”

师父不慌不忙地说：“用不着着急，种子被冲到哪里就在哪里发芽。随缘！”

不久之后，许多青翠的草苗破土而出，原本没有撒到的一些角落里面居然也长出了许多青翠的苗。

小和尚高兴地对师父说：“师父，太好了，我种的草长出来了！”

师父点点头说道：“随喜！”

这位师父真是一位懂得人生乐趣的人。凡事顺其自然，不刻意追求结果，反倒有意想不到的收获。

为了追求尽善尽美，很多人绞尽脑汁，殚精竭虑。每每遇到关系重大、情况复杂之事，便寝食难安。其实，就如同我们生活中遇到的坎儿一样，与其百般思量，不如顺其自然，反倒能够柳暗花明又一村。

有这么两个人，一个人非常富有，另一个人极其贫困。富有的那位是有名的房地产老总，开的是价值300万元的豪华轿车，喜欢摄影，照相器材是价值100多万元的高级货，还到清华读了EMBA（高级管理人员工商管理硕士）。

穷的那位是蹬人力三轮车的，天天蹲在地铁站门口，拉几个零活，一天下来，好的话能挣20元，坏的话就几元钱，住在城市郊区一个快要拆迁的窝棚里，家里还有一个瘫痪的老婆。

虽然他们有着截然不同的生活，但却有着同样的生活态度——顺其自然。

富的男人是个非常浪漫的人。他说，钱的多少，除了能证明自己的能力之外，没有多大作用。他建了好多所希望小学，带着太太去世界各地旅游，并不像别的有钱人那样忙得脚不沾地，连休息的时间都没有。

去清华上学的时候，有位教授说做个实验就可以知道在座的谁更会经营自己的企业。教授让所有人都把手机放到前面去，而且都要开机。像他们这些人都是老总级的人物，生意自然是忙，所有人的手机都响个不停，只有他的手机没有响。

这时候教授说道，这个男人才是最会生活，也是最会经营自己企业的人。他懂得什么时候该放手，懂得给自己一些私人的空间。

他开心地笑着说，他告诉了自己的副总，只有在公司发生两件大事的时候可以给他打电话，一是公司着了大火，二是公司出了重大事故死了人。其他的，副总可以自行处理。因为就在10年前，他已经把公司的基础打好了。

他说自己计划着42岁的时候退休，然后去世界各地拍片子，自己花钱出版，不为别的，只为年轻时的一个梦想。

他还要带着太太去山里居住。他说，小的时候以为山上住着神仙。他并不看好那些70多岁了还在一线厮杀的商人，他说他们应该放手，抽出时间多享受享受生活。

一个富人能有这样的境界，并不是一件容易的事，若没有顺其自然的心态，他肯定不会活得像现在这样惬意。

而穷人的幸福并不比他少。虽然挣的钱少，回到家，老婆会嘘寒问暖。老婆会唱戏，他便学会了拉二胡，吃过饭，必要唱一段的。

虽然穷了点，可是有老婆的爱，有自己和老婆喜欢的京剧可以唱，他也知足了。老婆没有去过北京，他就骑三轮拉着她去，一边走一边唱。有电视台拍下他们来，说他们是流浪的大篷车。他笑笑说，就是图个乐。

富人与穷人的快乐能有多少区别？如果用钱来衡量，那区别真的是天壤之别，富人可以用钱买来很多看似快乐的快乐，穷人则不能。如果用精神来衡量，那几乎是一样的，他们感受到的快乐，谁也不比谁少多少，因为他们有着同样的心态，同样达观而丰富的人生。

换个立场，便豁然开朗

一味地苛求、指责对方，最终只会伤人伤己，没有任何好处。遇到矛盾和误会，多站在对方的角度想一想，以恕己之心恕人，不但能够化解一场矛盾，还能增进双方的理解，使你收获更真诚的情意。

要做到设身处地地为对方着想，需要有一颗宽容的心，能够在矛盾与分歧中求同存异，而不会因为对方的一点过错或者无意的伤害怨恨不已。

很久以前有一对兄弟，他们感情非常好。但是哥哥自从结婚后，对弟弟就不像以前那样照顾了，这让弟弟心里很不高兴。

转眼弟弟也要结婚了，但是他办婚礼还缺一部分钱，他不好意思去找年迈的父母，就找到了哥哥，希望能从他那里借点。弟弟本以为哥哥一定会帮助自己，谁知哥哥犹豫半天之后居然拒绝了他。自此，弟弟心中充满了对哥哥的怨恨。

不得已他只好找父母借钱。趁这个机会，他添油加醋地在父母面前告了哥哥一状，说哥哥结婚之后如何如何地疏远自己，现在连自己结婚都不愿意借钱，真是有了媳妇忘了兄弟。父母听了他的话虽然也很气愤，但还是安慰他说："或许你哥哥有什么难处，你要多体谅点。"弟弟听了反而更加生气了，指责他的父母偏向哥哥，然后拂袖而去，只留下父母悲伤的叹气声。

过了几天，父母把哥哥叫回家，旁敲侧击地问他婚后的日子过得怎么样。哥哥因为怕父母担心，无论父母问什么他都说好。最后，父母不得不问："听说你弟弟跟你借钱，你拒绝了？"哥哥既尴尬又羞愧地看着自己年迈的父母，他们都这么大年纪了，还要为兄弟之间的感情而操心。

哥哥只得说出实情。原来，他的妻子身体不太好，结婚后，他既要忙工作，又要照顾妻子，所以就无暇顾及弟弟。但是因为怕两位老人知道了担心，只能跟谁都瞒着这事。前段时间弟弟找他借钱，他手上倒是有点钱，但那是他准备给妻子看病用的。如果借给了弟弟，妻子就会错过这个看病的机会，还要再等上很长时间，这对她的病情不利。所以，他就没把钱借给弟弟。

听了他的话，父母一面为他们连自己的儿媳生病都不知道而内疚，一面又觉得自己因为小儿子的几句话就来指责大儿子实在不应该，连忙问儿媳身体怎么样了。好在大儿子说经过治疗，基本上已没有什么大碍了，再调养一段时间就好了。老两口这才放下心来。

事后，老两口又把事情的原委和弟弟说了一遍，弟弟听后非常羞愧。没想到自己一时的狭隘竟造成了这么大的误会，还差点使兄弟俩反目成仇。

父母语重心长地对弟弟说："凡事都不能想当然。当你觉得对方的做法伤害了你的时候，就试着站在对方的角度想一想，多体谅体谅他们的难处，多包容、宽容他们。"

刘备在《诫子书》中谆谆教导刘禅："以责人之心责己，以恕己之心恕人。"意思是说在生活中，要用责备别人的心态来责备自己，用宽容自己的心态来宽容别人。话虽如此，能够真正做到的恐怕没几个人。

我们在抱怨别人之前，应该先冷静地站在对方的立场上想一想。在对方犯错之后，先站在对方的立场上想一想，进行一下自我检讨，让对方感受到我们的真诚，同时也给对方一个台阶下，矛盾自然而然也就化解了。

抱怨解决不了问题，反而会让事情变得更加糟糕。不如放宽心，让自己活得轻松一些，也让对方活得轻松一些，这样的结果岂不是对大家都好？当你改变自己之后，你会看到每天都充满快乐的自己，也会明白幸福其实很简单。这个世界不是每件事情都是圆满的，如果你能把不必要的忧虑放下，一旦看透了得失，战胜了自己，你会发现，在生活中演绎好自己的角色才是最幸福的事。

放不下，人生再难升价

当我们执着于别人的错误和对自己的伤害时，就如同背负着沉重的心理包袱，整日被负面情绪所控制。无论前方有多么美好的风景，我们也无法直起腰来愉快地欣赏。只有放下，我们才能活在快乐的阳光中。

人的许多苦闷与烦忧其实都来自于放不下。烦恼就像手中的气球，只有放开它，它才能自由自在。佛经上说：“如何向上，唯有放下。”只有坦然地面对生活中的诸多烦忧，才能不断为自己的心灵释放出更多的空间。

人的一生十分短暂，在时光的长河中，简直微不足道。尽管如此，每个人都还是希望人生是有意义的，是充满快乐的。所以我们应该怀抱宽容，放下那些所谓的仇恨，使自己的心灵得到解脱，人生的境界得到提升。

当面对委屈和伤害的时候，能够让一切不愉快都消失在忍耐和宽容之中，放下心中的包袱，就能以更好的姿态继续往前走。否则，我们的人生注定会因为放不下而郁郁寡欢，以致没有意义可言。

有一个地主得到了一只非常珍贵的花瓶，他每天都提心吊胆，生怕被人偷去。然而，似乎越是小心翼翼越容易出事。

一天，地主家的仆人在打扫卫生的时候，不小心把花瓶打碎了。地主勃然大怒，下令把仆人狠狠打了一顿，然后就把他赶了出去，尽管那个仆人是跟了他20年的老仆人。

地主每天都守着那堆花瓶碎片伤心，茶不思，饭不想。

以前，每当遇到这种情况都是那个跟了他20年的老仆人照顾他，默默地给他做一些可口的饭菜，再小心地劝他吃一些。

然而，自从他把那个仆人赶走之后，其他仆人更不敢靠近他了，每天只是把饭菜送到他面前，至于他吃不吃都不过问。

地主一天天地憔悴下去。他开始想念那个贴心的仆人，他想把他再找回来，但是他还是放不下那个被打碎的珍贵的花瓶。

这天，正当地主又守着花瓶碎片悲伤的时候，恰好有一个和尚来化缘。他幽幽地跟和尚说："你看，我失去了最心爱的花瓶，又把最贴心的仆人赶了出去。我现在一无所有了。"

和尚看了看他手中捧着的花瓶碎片，说："放下！"

地主放下了手中的花瓶碎片，依然眉头紧锁。和尚又说："放下！"

地主疑惑地看着和尚说：“我已经放下了，你看，我现在手上什么都没有，还能放下什么呢？”

和尚说：“你应该放下的不仅仅是花瓶碎片，关键是要放下心中的欲念和怨恨。当你把这些都放下时，你就能够从中解脱。

“花瓶已经打碎，无论你如何悲伤、愤怒，都无济于事。但是，如果你能够放下这一切，那个最贴心的仆人依然是你最贴心的仆人，而且，因为你的宽容，他会比以前对你更加忠心。”

地主想了想，觉得和尚的话非常有道理，立即派人去把那个仆人找了回来。

怨恨让人的心灵变得丑恶、沉重。放下怨恨，放下别人对自己的伤害，不但是对别人最好的宽恕，更是让自己解脱。

在有限的生命里，我们有多少时间可以浪费在怨恨、委屈、悲伤中？如果让怨恨、委屈、悲伤占去了太多的时间，我们还剩下多少时间分给快乐？放下心中的怨恨，原谅别人，放过自己，心态才会变得平和、轻松，才能获得快乐的心境，才能得到真正的快乐。

有一对夫妻经常吵架。妻子每次都会非常伤心，她会在日记中记下吵架的每一个细节，丈夫伤害自己的每一句话。即使丈夫第二天道歉，她还是会因为清楚地记着那些伤害而不肯原谅他，并且不断地翻出丈夫在吵架时说的气话让他下不来台。久而久之，她和丈夫的关系变得越来越紧张。

她向好友诉苦，好友笑着说：“你呀，就是记忆力太好了！”然后教她每次在吵架之后不要把那些伤害自己的话记在日记本上，而是记在纸上，随后就撕掉，扔进垃圾筐里，并且忘记。

回到家之后，她按照好友说的那样，在和丈夫大吵之后拿出一张纸，写下：“某年某月某日，因为某事，丈夫和我吵架。他说了某某话，我觉得很受伤害。我心里很难过。”写完之后，她就把这张纸撕掉，扔进垃圾筐里，心里也不再想这件事了。

等到第二天，当丈夫为前一天吵架时说了不该说的难听话而道歉的时候，她微微地一笑，说：“我已经不记得了，你还记着呢？”

面对她的宽容，丈夫觉得非常羞愧。渐渐地，丈夫就尽量不再和她吵架，也同样以一颗宽容的心和她相处，夫妻之间的关系也渐渐好转起来。

当人选择了放下，同时也就选择了宽容和原谅，选择了解脱。不要抓着别人一时的错误不放，不妨学着放下，让那些阻碍快乐的悲伤、怨恨和委屈统统随着时间一起消逝。如果一个人能够以一颗宽容的心面对别人的伤害，同样也能够收获别人的宽容。

有一种修养叫宽容

宽容是修养的底蕴，是美德，是人生智慧。因为具备这样的底蕴，我们获得了良好的心态；因为具备这样的底蕴，我们的微笑饱含自信；因为具备这样的底蕴，我们能够从容面对人生。宽容使我们的生活不仅温暖，而且充满阳光。

马克·吐温说：“紫罗兰把它的香气留在踩扁它的脚踝上，这就是宽容。”这句话很特别，不仅幽默，还意味深长。生活中，有谁被误解了仍旧能宽宏大量？有谁被骂了不耿耿于怀？可是，就因为这样，才显出宽容的可贵，它是修养的底蕴，显示着爱和博大的胸怀。

宽容意味着理解、谅解和同情。因为宽容，人们才有机会亡羊补牢；因为宽容，人们才能消除隔阂；因为宽容，人们才能赢得友谊。具备这种修养的人，和谐美好的人生才不会远离他们。

宽容是修养的底蕴，一个具有宽容心态的人，一定具备很高的修养。

17世纪中叶，在意大利有一位非常著名的画家叫麦德卢。他虽然喜爱绘画，但是年轻的时候努力很久都没有什么明显的进步，后来他就在威尼斯的一家画廊做起了仿造甚至假造世界名画的勾当。

有一天，麦德卢正在画廊里面临摹一幅叫作《提水人》的名画。这幅画是西班牙著名画家迭戈·委拉兹开斯所画的。就在这个时候走进来一位观光游客，站在麦德卢的身后静静地看着他作画。麦德卢一点也没发现有人在旁边，仍然专心致志地在那里作画。

当麦德卢把画中那位提水的女人画出来以后，那位游客非常失望地说道："那只水桶一定很重，女人的身体应该更倾斜一些才对！"

麦德卢这才惊讶地发现有人在他背后，他转头一想觉得游客说得有些道理，于是重新画了起来。但那位游客似乎依旧不满意，皱着眉头说道："这位妇女站在屋里，所以水的颜色应该更深一些才对！"

麦德卢惊叹于这位游客的鉴赏能力。接下来，他完全按照这位游客的意见把这幅画临摹了出来，画得简直可以乱真。

"非常感谢您的指导，现在这幅画一定能卖一个非常好的价钱！"麦德卢说道。

"你说得对，这样既不会太糟蹋我的声誉，又能给你带来更高的收入。"游客说道。

“你的声誉？”麦德卢疑惑不解地说，“冒昧地问您一声，您是……”

“迭戈·委拉兹开斯。”游客说。麦德卢惊讶得一句话也说不出来了。他万万没有想到站在眼前的这位游客竟然是《提水人》的作者本人！让他更加意想不到的是，迭戈·委拉兹开斯说完后就转身离开了画廊。麦德卢赶忙追上前诧异地问：“您不打算告我吗？”迭戈·委拉兹开斯笑着说：“生活就是艺术的土壤，虽然你在模仿我的画，但是我依旧不希望因为艺术而威胁到你的生活！”

迭戈·委拉兹开斯的宽容让麦德卢感到万分羞愧。从此以后，他再也不仿造别人的画作了，而是把精力都放在真正的艺术创作上，最终麦德卢成了一位大画家。

许多年后，麦德卢在自传里写下了这样的一段话：“是迭戈·委拉兹开斯挽救了我，是他的宽容和大度挽救了我！如果之前他选择让我受到法律的制裁，那么之后我在艺术上可能永远也不会有什么成就了。”

刻骨之爱，来自你的宽容

如果你真正爱一个人，你就会愿意包容他的一切，包括错误和伤害。对方会在你的包容中体会到你对他的爱，进而用同样的包容和爱来回报你。这就是最极致的爱，这就是爱情长久保鲜最有效的秘诀。

爱的基础是宽容，婚姻的基础也一样。夫妻之间，只有相互包容与尊重，才能够在矛盾和摩擦中经营好婚姻，携手走好人生路。夫妻之间的宽容是维系婚姻的法宝，充分理解对方，不苛责、不埋怨，用包容去爱对方，这样的婚姻必然和谐美满。

在安徒生的童话中，有这样一个故事。

有一对非常贫穷的农村老夫妇，他们的日子已经到了难以为继的地步。

于是，他们决定把家里唯一比较值钱的那匹马牵到市场去换点对生活更有用的东西回来。

第二天，老头就牵着马到市场去了，他决定给老伴一个惊喜。他先用自家的那匹马和别人换了一头牛，然后他觉得牛好像对家里的生活也没有多大的用。

于是，他又用牛和别人换了一只羊。这时，他突然看到一只大肥鹅，他想到自己的老伴早就希望有一只鹅，于是就用羊换了鹅。

他正准备带着鹅回家，又看到了一只鸡。他觉得鸡比鹅容易养，于是又用鹅换了那只鸡。可是，鸡刚刚换到手，他就看到一个小伙子背了一袋子烂苹果。

老头看到苹果就想起自己的老伴最喜欢吃苹果。他想都没想就用鸡换了那袋子烂苹果。

当他背着那袋子烂苹果准备回家的时候，遇到了两个人，他们很想知道老头要这么一袋子烂苹果做什么用。

于是，老头就一五一十地跟他们讲了自己用一匹马换了一袋子烂苹果的经过。他们非常惊讶，跟老头说，等回到家，他老伴一定会骂他的。但是，老头说他老伴不但不会骂他，还会给他一个吻。

于是，他们用一袋金币和老头打赌。如果老头回到家后，他老伴不但没有责骂他，还给他一个吻，这袋金币就归老头所有。

然后，那两个人就和老头一起回家了。到家后，老头就开始和他老伴讲他如何用一匹马换了一袋烂苹果。每讲到一个交易，他老伴都非常高兴地表示肯定。讲到用马换牛的时候，她惊呼：“太好了，我们有牛奶喝了！”

而等到牛换成了羊，她同样非常高兴：“嗯，羊奶也不错！”

当她听到羊换成了鹅之后，她丝毫没有失望：“我们可以有鹅肉吃啦！”

而等到鹅换成了鸡，她显得更加高兴：“真是太好了！鸡会生蛋，然后蛋还可以孵出小鸡，那么我们就会有一大群小鸡了！”最后，当她得知鸡换成了一袋烂苹果的时候，她依然很激动：“我正准备今天晚上吃苹果馅饼，老头子，你真是太好了。我必须要给你一个吻。”

最后，她总结性地说道：“老头子做的事总是对的！”

那两个人看着眼前这幅情景，既惊讶又感动，接着非常愉快地给了这对老夫妇一袋子金币。

故事中，老太太的信任和宽容不但赢得了幸福的婚姻，还赢得了一袋实用的金币。当然，这毕竟是童话故事，在现实生活中，或许我们并不能因为对爱人的宽容而得到一袋金币，但是会因为这份宽容而与那个老头一样快乐。这个世上，还有什么比自己最爱的人的快乐更加贵重的呢？

“执子之手，与子偕老”并不只是一句空洞的誓言。生活就是琐碎的重复，两个人要想相携一生，不但需要爱的支撑，更需要彼此的理解和宽容。而这宽容也就体现在生活的每一个细节中。

在一对夫妻的金婚典礼上，他们的子女希望他们能够传授一下婚姻幸福的秘诀。丈夫用满怀温情的微笑示意妻子来说。然后，妻子大方地站起来说："宽容。是宽容让我们一起幸福地走过了50年的婚姻生活。宽容是一个人对另一个人最深刻的爱。"

她的话让子女们既感动又迷茫。他们不知道，要怎么做才能算真正的宽容。

只见妻子继续说道："我们刚结婚时，每天都会争吵，哪怕是一点点小事也会觉得忍无可忍。有一次，我们甚至因为要不要一台电视机而闹得要离婚。我想，我不能再让这无休止的争吵破坏我的婚姻了。于是，我在一张纸上列出10条可以原谅的错误，再列出10条不能原谅的错误，然后把那张纸贴在墙上。每当我们因为一件事争吵，我就会想：这是一个可以原谅的错误。然后我就原谅他了。渐渐地，在我的这种宽容中，他也开始改变。刚开始他只是尽量不去碰触我那些所谓的不能原谅的错误，后来慢慢地，他也会主动宽容我了。在这种宽容中，我们一起幸福地过了50年。"

在真诚的婚姻关系中，没有越不过去的坎儿。只要有爱，就有宽容。而只有宽容，才能让彼此和谐、融洽、相亲相爱地在一起，才能让双方之间的感情更加长久。指责和抱怨只会慢慢冲淡双方的情意，让彼此疏远。当然，如果对方的确犯了原则性的不可原谅的错误，也不能毫无原则地宽容。毕竟，爱和宽容都是有限度的。

你身上最珍贵的东西是什么

有句话说：人有两颗心，一颗用来流血，一颗用来宽容。心脏无疑是人类最珍贵的东西，而宽容，便是与它同样重要的品质。允许别人的反对，不计较别人的态度，一切祥和，皆从宽容开始……

很久以前，有一个自卑的小男孩，他的后背上有道非常明显的暗红色疤痕。疤痕那么长，扭曲着，从脖子一直到腰，连他自己看到都觉得害怕。他讨厌自己，更害怕换衣服，尤其在学校的体育课上，当其他孩子都很高兴地换上运动服时，他只能偷偷地躲在角落里，把后背贴着墙壁，用最快的速度换上运动服，就怕别人看到他的后背。可是，时间久了，他背上的疤痕还是被发现了。

“你是个怪物！”“我们再也不和你玩了！”“你的背好恐怖啊！”这些看似无心的话，却伤人最深。小男孩哭着跑出教室，跑回家。他开始讨厌学校，尤其是体育课换衣服的时候。

后来，小男孩的妈妈带着小男孩来到学校找班主任。班主任是一位年逾40的很和蔼的女老师，她听男孩的妈妈讲述了男孩的故事。原来男孩很小的时候生了重病，父母本来想放弃，可是不忍心，一个生命，怎么能就这么放弃呢？于是，妈妈哭着和爸爸说，一定要把孩子救活。好在爸爸是很厉害的大夫，通过手术挽救了孩子的生命。虽然男孩的生命得救了，可是这条疤痕却除不掉了。

妈妈对小男孩说："让老师看看！"小男孩有些迟疑，但还是脱了上衣。看到疤痕的那一刻，老师惊诧了，她心疼地问："现在还疼吗？"小男孩摇摇头。

孩子很乖，老师其实很喜欢他。老师摸着他的头对他说："我一定会想办法的！"

老师想了很久，她不能直接限制小孩子们取笑他，这样会让他更加自卑。突然，一个好想法浮上脑海。她找到小男孩，对他说："明天，你要和大家一起换衣服哦！"

小男孩的眼睛通红，他害怕，可是老师安慰他："别担心，老师有办法！"

第二天的体育课，小男孩怯生生地脱下上衣，果然大家又开始发出诧异和厌恶的声音了："好可怕，好恶心……"小男孩瞪着惊恐的双眼，不争气地流下了眼泪。

这时候，教室的门打开了，老师出现了。同学们跑到老师跟前，指着小男孩的后背开始你一言我一语地说起来。老师没说话，她慢慢走近小男孩，然后露出惊诧的目光说：“老师来这儿以前听过一个故事哦，大家想听吗？”

孩子们纷纷围过来。

老师指着男孩的后背说：“这是一个传说，每个小朋友来到这个世界以前，都是一个小天使。天使变成小孩的时候，有的很快就脱掉了美丽的翅膀，有的小天使就比较慢，来不及脱掉……所以，那些比较慢的小天使变成孩子以后，就会在背上留下这样的疤痕……”

“真的呀！”小朋友们发出惊叹的声音。老师露出神秘的微笑，大家开始纷纷检查自己的后背，发现没人像小男孩一样，大家想要成为天使，竟然纷纷承认自己的后背上也有疤痕，完全忘记了取笑小男孩的事情。

男孩不哭了，他开心地笑了。这时候，一个女孩走过来问：“老师，我们可以摸摸天使的小翅膀吗？”小男孩大方地转过身去，大家你摸摸我摸摸，兴奋得手舞足蹈。这节体育课，小朋友们排成长队，一个个等着摸小男孩的后背。

小男孩看着大家的笑脸，心情不再灰暗，完全忘记了之前小朋友们的嘲笑。他露出久违的笑容，向老师摆了一个“V”字手势。

后来，这个男孩参加了游泳队，还在比赛中得了亚军。因为他相信，自己有一双翅膀，能让自己变得坚强。即使受了伤，也会学着宽容，因为他有最珍贵的东西——一颗纯洁的心，让他包容一切并且善待自己。

忍让是一股强大的力量

隐忍，是一种人格上的魅力，是人生中的一种智慧。得理让人，不计较眼前的得失，以一颗平常心宽容地面对一切，以无私去容忍别人对自己的伤害，生活就不会有烦恼可言了。

《本草纲目》上说有一种草叫“隐忍草”，能够解百毒。

事实上，如果你能够在日常生活中保持隐忍，同样能够解除生活中的万般烦恼，使自己的心灵充满平和的幸福。

人生在世难免会遇到不顺心的事，或被误解，或被伤害，或被侮辱……

这时候，如果一定要争辩，论出个是非曲直，恐怕并不容易。多数时候，争辩非但不能解决问题，反而会促使矛盾升级，也会增加对自己的伤害。

如果能够暂时忍耐，由时间来证明一切，反而能获得一时的安稳与平和。

有位商人的女儿未婚先孕了。商人非常生气，他用尽各种办法逼问女儿孩子是谁的。女儿被逼无奈，但她知道自己的父亲一定会反对孩子的生父，于是她就撒谎说是附近寺庙里的一个和尚的。

和尚不好好修行居然勾引自己的女儿，这让商人非常气愤。于是，他带了许多人去找那个和尚算账。

大家来到寺庙，找到那个和尚，对他一番羞辱、打骂，但是他始终没有辩解。面对他的沉默和隐忍，大家渐渐觉得无趣。后来，商人把刚出生的孩子留给了和尚，然后带着人离开了。

这件事使那个和尚名誉扫地，他不但被赶出了寺庙，甚至连周围的人见到他也会对他大加辱骂。但是，和尚忍受着别人的嘲笑和羞辱，慢慢地将孩子抚养长大。

直到有一天，商人又带着一群人找到了和尚。和尚笑着说："你们终于来了。"

商人"扑通"一声跪在了和尚面前，大声哭着说："大师，对不起，我们错怪您了！"

原来，商人的女儿因为无法忍受对孩子的思念，终于说出了实情。孩子的父亲是一位赶考的书生，而不是那个和尚。

和尚笑着去搀扶商人起来，商人却说："求您原谅我！否则我是不会起来的。"和尚却笑着说："我从来都没有怪过你们，何谈原谅呢？"

和尚的宽容感动了所有人，他的名声也传到了寺庙。最后，寺庙把他迎回去做了住持。

时间是最公正的裁判。面对他人的误解和伤害，不妨隐忍，让时间来证明。只要你问心无愧，一旦真相大白，你的隐忍和宽容会使你显得高贵而富有魅力。

中国古代，有一位医术高明、品德高尚的医生。他在当地德高望重，深受爱戴。而这一切的荣誉都源于他的一次隐忍。

有一次，这位医生被一户并不宽裕的人家请去看病。他看完病走了之后，病人突然发现自己放在枕头旁边的20两银子没有了。病人的妻子就怀疑是医生拿了。但是因为没有证据，又不好贸然去问医生。

医生来复诊的时候，发现病人的病不但没有好转反而加重了。他对自己开的药很有把握，看到病人眉头紧锁的样子，他就想到应该是心病所致。于是，他悄悄地问病人的妻子是不是家里遇到了什么难事。

病人的妻子见医生主动问起，就把丢银子的事据实以告，同时也透露出了对医生的怀疑。

医生听后并没有愤怒，反而说："原来是这事啊！那银子的确是我拿的。上次来看病的时候突然有点急事要用钱，所以忘了打招呼就拿去应急了。你看，我今天把银子都带来了，如数归还。"

这件事慢慢传开了，大家都说医生平常看起来道德高尚的样子，原来都是装的。从那之后，找医生看病的人越来越少。然而，面对众人的非议和指责，医生毫不在意。

银子找到了，心情也好了，不久，病人的病就全好了。他的妻子就准备把全部被褥拿到阳光下晒晒，结果她一打开褥垫，就发现了20两银子。这时，他们才知道银子并没有丢，而他们却冤枉了一位品德高尚的好医生。

于是，他们立即带着银子来到医生家的门前，当众把银子还给了医生，并解释说银子从来都没有丢失，是他们错怪了医生，让他蒙辱，希望他能够原谅他们的狭隘。

医生笑着说："这都是小事，不必放在心上。"

大家都很奇怪为什么医生并没有拿病人的银子却甘愿忍受这种屈辱。

医生大方地说："在当时的情况下，如果我争辩说我没有拿银子，恐怕只会使大家觉得我这个人很虚伪，除此之外对我并没有什么帮助。病人因为银子丢了而郁郁寡欢，还影响了病情。倒不如我受点委屈，让病人知道银子已经找到，放宽心，使他的病能够更快地好起来。"

医生的一席话让大家深受感动。从此，他品德高尚的美誉就传开了。

面对这种屈辱，有几个人能像医生一样做到隐忍不发？医生面对别人的诬蔑，首先想到的是病人的病情，而不是自己的名声；面对别人的忏悔，又丝毫没有责备，而是宽容以待。这恐怕就是宽容的最高境界了。

吃亏带来多大伤害

吃亏是福，是我们人生的另一笔财富。我们只有在吃亏中才能成长起来，有些时候，我们可以吃一堑，长一智，在吃亏中成长；另一些时候，我们可以用暂时的吃亏来换取更长远的得益；还有一些时候，吃亏能带给我们更多的朋友和机会。

“吃亏”听起来似乎是一个不那么好的词，很多人都不喜欢它，可是很多时候，学会吃亏也是人生的一种境界。

我家楼下有一个孩子，经常在门口自己玩。一次，一个朋友去逗他，拿出一张5角和一张1元的钱让他自己挑。这个孩子看了看这两张钱，想了一下，拿了那张5角的，朋友不禁哈哈大笑。

从此以后，朋友每次到我这里来，都要到楼下去逗那个孩子，拿出5角和1元的钱让孩子选，而那个孩子每次都选5角的。朋友觉得这孩子很傻，有一次还拉着我去看，果然，那孩子看也没看那张1元的，直接拿了5角的。

我觉得很奇怪，这孩子平时看起来很机灵，为什么不明白1元比5角多呢？于是有一天再遇到他在门口玩的时候，我去问他：“豆豆，你不知道1元钱比5角钱多吗？为什么每次都挑那个5角呢？”孩子抬头看了我一眼，然后像个小大人一样说：“我要是选了1元的，他下次就不会再让我挑了。”

我愣住了，我和朋友从来也没想到，这孩子原来不是傻，而是真聪明。

的确，就是因为这个孩子愿意装傻，让人看起来他似乎是吃了亏，才能每次都得到5角钱。“亏”吃得越多，他拿到的钱就越多。很多事只有你懂得吃亏，不过于精明，才能继续下去。

一个温暖的周末下午，俄克拉荷马市的一位父亲带着自己的一个7岁、一个4岁的儿子买票，打算去打小型高尔夫球。他在售票处问一张票多少钱，售票员回答：“大人5美元，6岁以上的孩子也是5美元，6岁以下的孩子免费。”

父亲于是说：“那么给我两张票吧。”

年轻的售票员看了看两个孩子，问道：“请问您的孩子多大了？”父亲说：“一个7岁，一个4岁。所以我要两张票。”售票员不由得笑了起来，说道：“先生您可真不会省钱啊！孩子这么小，您只要跟我说一个6岁、一个4岁，不就可以只买1张票了吗？这有什么不同呢？”

父亲摇了摇头，回答道：“话虽然如此，可是我的孩子们知道这是不同的。我不能为了省5美元，就让孩子们学会说谎。”

是啊，有时一件看起来微不足道的小事，等你沾沾自喜觉得自己占了便宜时，已经损失了重要得多的东西，这损失很有可能是你付出更大的代价也不能弥补的。

多年以前，村里刚刚开始包产到户，大家都争着挑好地。有一块在村外很远的山沟里的泥地，谁也不愿意要，明明是两亩地，最后折成三分地了，还是没人肯要。

推到我们家里时，父亲没说话，点了点头接受了。全家人为此埋怨了他很久，说他干吗要吃这个大亏，那块地又远又都是泥，根本种不了什么东西。可是父亲说：“地虽然不好，也远点，可是用三分地领了两亩地，也不算是什么坏事。”就这样，这块地成了我们家的，父亲每年也会照样在地里撒种种上，可是收成始终不好。

后来有两年，整个省里都大旱，家家户户的田地都干得裂开了缝，谷子还没熟就都黄了，人们叫苦不迭，不少人家连饭都快没的吃了。只有我家山沟里的那块泥地，因为不缺水分，获得了大丰收。那两亩地里的粮食，让我们家在荒年里尚能保持温饱。父亲看着一担担金黄的谷子，微笑着对我们说：“看，当初吃点小亏，现在得到好处了吧。”

在生活中吃些小亏，也许当时看不出什么来，可是在某些关键的时候，当初看起来吃亏的事，说不定就变成了你最大的救星。

忘却是为了轻装上路

人生就像爬山，美好的事情仿佛是山间的清泉和鸟语，而痛苦的事情无疑是背上的石头。快乐的秘诀很简单，就是丢掉那些石头，轻松地迈步向前。就算前路上还会再遇到石头，经过了，再将它丢掉就好了。

我们的记忆是一个花园，花园里开满了娇艳的花朵，也长了很多令人厌恶的杂草。而幸福的人生，就是学会拔掉那些杂草，只留下满园芬芳。

我们无法改变自己的过去，但是可以选择忘记那些过去，留给未来一片纯净美好。

在阿拉伯有一位著名的作家阿里，有一次，他和几位朋友一起外出旅行探险。

当他们攀登一座险峻的山峰时，朋友马沙失足从山峰上摔了下来。幸亏另一位朋友吉伯拼命将他拉住，他才没有掉下去。

马沙非常感动，用了很长时间在路边的一块大石头上刻下了这样的话：今天，吉伯奋不顾身救了马沙一命，马沙很感激。

过了几天，他们行经一条小河边。吉伯因为一件小事和马沙吵了起来，两个人争执不下，吉伯在盛怒之下打了马沙一巴掌。

马沙也很生气，马上就走到河边的沙地上，写下了：今天，吉伯打了马沙一巴掌，马沙很生气。然后转身就继续向前走了。

阿里看到马沙的做法感到很奇怪，问他为什么前几天花那么大力气把当时发生的事情刻在石头上，今天却随随便便地写在沙地上。

马沙看了看吉伯，淡淡地说道：“吉伯救了我的命，我刻在石头上，是要提醒自己永远不要忘记他对我的好；今天他打了我一巴掌，我写在沙地上，是要告诉自己，他不是有意的，我应该像河水冲刷沙地一样，很快忘记这件事。”

阿里听了马沙的解释很受感动，就将这个故事细心地记录了下来，流传至今。

是啊，就像马沙一样，记得别人对我们的好，那会让我们的人生充满喜悦和满足；忘掉别人对我们的不好，那会让我们变得宽容大度，在这种从容中彰显个人魅力。

山中有一位老僧，这一天他带领小徒弟出寺化缘。当他们下到山脚时，发现面前的小河因为水面上涨，将唯一可以过河的小桥冲毁了。

两位僧人决定涉水过河，但是水流湍急，小徒弟年纪还小，老僧担心他气力不足会出危险，于是将他背上小心翼翼地蹚过河去。

刚刚抵达对岸，老僧就看到岸边一位年轻女子在河边逡巡，望着水面犹豫不决。老僧叹了口气，放下小徒弟又将女子背过了河去。

离开了小河又走出了好几里路，小徒弟终于忍不住将心中的疑惑吐了出来，向老僧问道："师父，您平时一再教导我们不可近女色，俗家也说男女授受不亲，可是为何早上您还是背那位女子过河呢？"

老僧摇了摇头，说道："我确实是背负了那位女子，但是过河之后当即就将她放下了。可是你呢，到此时心中还是没有放下。"

生活中不可能没有烦恼，聪明的人会很快就将它们放下来，忘记它们；而那些总是怀抱着它们不能放下的人，很难前进，也很难真正快乐。

我有两位大学同学。在大学时，其中的男孩曾经追求过班里的另一个女生，可是最后没有成功，后来又喜欢上了现在这个女孩。毕业后不久，他们就结婚了。

刚结婚时两个人很幸福，走到哪里都在一起。可是过了一年多，每当两个人因为一些小事发生争执时，女孩就总提起当年的事情："当年人家不要你，幸亏我愿意收留你，你还不知道感激。"

开始女孩只是带着开玩笑的语气这么说，可是随着矛盾增多，女孩每次都会说起这件事。男孩听后总是不说话，只是一个劲地抽烟。

终于有一天，当女孩再次提到那件事时，男孩再也忍不住了，冲口而出："你以为我不知道，你也和某某谈过一段时间，后来不是被他甩了吗，你得意什么？以前我是不想提，觉得都过去那么久了，让着你点，别以为你就多高尚纯洁！"

女孩愣住了，从此再也没有提起那件事。可是这一次争吵过后，两个人的关系一天比一天冷淡了下来，直至要离婚了。当大家问起为什么时，两个人才想起，最初的不快竟然是因为一件很久以前的事。

夫妻在日常生活中，磕磕碰碰总是难免的，当日的事当日解决，如果解决不了，就让它过去吧！每次都将陈年旧事拿出来计较，只能两败俱伤。

Part 04

勇敢的你，怎能少了自信

自信，是一个身处现实的人必不可少的本领，否则，你会无法在物欲横流的现实社会中生存下去。自信，不是与生俱来的特性，而是在当下没有硝烟的“战场”上锤炼出来的。拥有了自信，你就会变得无所畏惧，勇往直前。

04

为自己鼓掌不丢人

不要因为没有阳光的照耀就否定白天的温暖，不要因为没有掌声就否定自己的价值，每个人的人生都会充满坎坷。有时候，尽管自己付出了最大的努力依然没有成功，这时请为自己鼓掌。求人不如求己，世上根本没有什么救世主，要坚信自己终会成为人生舞台上耀眼的焦点。

在人生的舞台上，每个人都希望自己因为取得辉煌的成就而获得最热烈的掌声。但是，不是所有的人都能够站在耀眼的舞台上获得他人的认可和掌声的。

在成为众人瞩目的焦点之前，几乎每个人都要独自面对冷清的排练厅，在一次又一次的失败中孤独地爬起来。

这个时候，没有别人的掌声，但是只要你有一双手，便可以为自己鼓掌。当没有阳光的时候，你自己便是阳光。

有一个漂亮的女孩，因为聪明伶俐，再加上父母对她的悉心栽培，从小就被鲜花和掌声环绕。

渐渐地，她习惯了别人的赞美和掌声。可是15岁那年，境况发生了转变，她几乎无法适应。

在15岁时，学校举行演讲比赛，多才多艺的她自然报名参加了。比赛前她很用心地做了准备。但是这样的演讲比赛她是第一次参加，而且规模也比她之前参加的各种比赛大了许多。

面对台下众多的目光，她突然紧张得说不出话来。这个时候，她多希望像小时候那样，得到家人鼓励的掌声。可是，此刻台下鸦雀无声，大家都在等待她的演讲。

几分钟过去了，因为过于紧张，她依然想不起来演讲稿中的一个字。

台下开始有人窃笑，她觉得十分丢人，也更加紧张了。她向爸爸投去求助的目光，希望爸爸能给她一些鼓励。可是，爸爸似乎没有看到她的困境，还在低着头和别的老师讲话。

其实，爸爸不是没有看到，而是借此机会有意锻炼一下自小就一帆风顺的她。

最终，她在大家的哄笑声中狼狈地走下了演讲台。

回家之后，她哭了两天，决定这辈子再也不理爸爸了。最后，爸爸还是敲开了她的房门。

爸爸坐在她的床边，为她擦干眼泪，然后温和地对她说："你一定是在为那天爸爸没有为你鼓掌加油而生气吧？"

见她不说话，爸爸接着说出了内心的想法："其实，那天爸爸是故意不去鼓励你，借此锻炼你的。孩子，你要知道，爸爸并不能每一场演讲都去为你鼓掌。而其他人需要看到你的实力才会为你的演出鼓掌，他们没有义务在你失败的时候为你喝彩。所以，永远不要把信心寄托在别人的鼓励和肯定中，你要学会为自己鼓掌。”

她擦了擦眼泪疑惑地问爸爸：“我怎么能为自己鼓掌呢？”

爸爸笑着说：“你当然可以。在别人都否定你的时候，只有你自己才能给自己肯定；在别人都看到你的失败时，只有你自己相信自己可以成功。当处在困境中时，你就应该为自己鼓掌。”

从此，她记住了爸爸的话。

大学毕业后，她又一次面临着人生的挑战。她得到一家知名企业的面试邀请。

经过激烈的竞争，她和另一个女孩留了下来，进行最后一轮面试。

那个女孩先进去了。几分钟后，她哭丧着一张脸出来了。她认为最后一关一定很难，怀着一颗忐忑的心走进了面试的会议室。

谁知题目并不像她想象的那么难，面试官只是轻松地问她有什么特长。她想了想，说：“唱歌。”面试官要求她唱几句听听，她就大方地唱了起来。唱完之后，她看着面试官，面试官却没有任何表态。她想，难道是自己唱得不好，还是他们在考验别的东西？突然间她想起了爸爸的话，便笑着为自己鼓掌。她的举动让面试官面面相觑，大家都不知道她在干什么。

接着她笑着向面试官解释道：“对不起，我想可能我的表现还不能让各位满意。但是，我觉得我已经尽了最大的努力，在贵企业的面试过程是我人生中难得的经历，我也很自豪能唱完最后一首歌。

“所以，我想用掌声结束这段经历，为自己的人生加油！如果对各位有什么冒犯，还请见谅。”

她说完这些话以后，看到面试官相互点头，然后坐在中间的面试官说：“虽然刚才那个女孩各方面条件都比你优秀，但是，因为你的自信，你被录取了！”

事后，她才知道，和她竞争的那个女孩也被要求表演一项自己的特长，而且那女孩也是表演的唱歌。但是她唱完之后看面试官都没有表态就以为自己已经失败了，垂头丧气地走了出来，甚至都忘记了和面试官告别。

面对生活的磨难和挑战，任何人都需要鼓励。但是，别人的掌声只有在你站在成功的舞台上时才会为你响起，而当你失败的时候，最需要掌声的时候，没有人会为你鼓掌。这个时候，你就要学会为自己鼓掌，扬起自信的风帆继续前行。

失败的时候，你要为自己鼓掌，肯定自己曾经的努力和付出，让那个自信满满的自己复活，勇敢地走出失败的阴影，走向阳光灿烂的大道。

“我不行”，未免太谦虚

永远不要对自己说“我不行”“不可能”。只要你拥有足够的信心，并且付出足够的努力，幸福和成功都会向你招手。成败不在于我们拥有什么条件、遇到多大的困难，而在于我们选择用什么样的心态去面对。

在生活中，许多人抱怨自己没有机会，其实机会对于每个人来说都是平等的。但是，当机会来敲门时，又有几个人能够勇敢地去把握呢?

机会的到来往往伴随着风险或挑战，许多人在面对风险或挑战的时候往往都会有一种畏难情绪，还未尝试就已经先在心中用“我不行”打了退堂鼓。

事实上，大多数时候，我们都是被“我不行”“我办不到”这一类消极暗示所打败的。有些事情看起来很困难，但如果我们能够满怀信心地去面对、去尝试，或许就会发现，其实并没有想象中那么难。

乌克兰人布勃卡是奥运会撑竿跳冠军。他所保持的撑竿跳世界纪录迄今为止仍然没有人能够打破，他也因此被称为“撑竿跳沙皇”。这样一个出色的撑竿跳运动员，当别人问他成功的秘诀时，他仅说了一句话：“在每一次起跳前，我都会在心中先把自己‘摔’过横杆。”

布勃卡从9岁就开始练习撑竿跳，横杆的高度一次又一次地被提高。在新的高度面前，布勃卡不断地失败。失败不断地打击着他的自信，他甚至开始怀疑自己根本不适合练习撑竿跳。每次到训练场上，横杆一架起来，他就开始害怕，在心里对自己说：“我根本就跳不过去。”

有一次，教练又增加了横杆的高度，布勃卡干脆直接和教练说：“我跳不过去。”

教练说：“你还没有试，怎么就知道跳不过去呢？”

布勃卡只得说出心中的实话：“教练，我觉得我根本不是这块料。我只要一进入训练场，一踏上起跑线，看到那高高悬在半空中的横杆，心里就会莫名地害怕，我觉得我一定跳不过去。”

“布勃卡！”教练突然打断布勃卡的话，大声地说，“你现在闭上眼睛，先在心中把自己‘摔’过横杆去！”

布勃卡按照教练说的闭上眼睛，想象着自己身轻如燕地从横杆上“摔”过去，忽觉信心大增。然后，他撑起跳竿试着跳了一次。这一次，他居然很轻松地就跳了过去。

我们的人生中也存在着一根比一根高的横杆，每翻越一根更高的横杆就代表我们又有了一次提升，横杆越高往往提升的机会也就越大。如果我们畏首畏尾，先在心里用“我不行”把自己紧紧地包裹起来，恐怕只能一次又一次地错过提升的好机会。人只有坚定信心，鼓足勇气，才能跨越那道“我不行”的心理障碍，超越自己，走上成功之路。

艾米是一个可爱的姑娘，但是，因为她个子比较矮，所以非常自卑，尤其是在爱情方面，她从来都不相信自己也可以拥有甜蜜的爱情。所以，虽然有几个男孩追求她，但她总是还没走出第一步就对自己说“这不可能”“他不会爱我的”，然后就避而不见。

艾米的父母为此非常苦恼。他们只好带艾米去找一位很有名气的心理医生，听说他能够帮助人们找到属于自己的幸福。艾米走进心理医生的办公室，木然地坐在办公桌前的椅子上，还没等心理医生说话，她就先“声明”：“你肯定也不能帮我找到幸福。”

心理医生并不理会她说了什么，只是和她聊了一些别的话题。通过聊天，心理医生发现艾米最常说的一个字就是“不”，几乎她的每一句话中都会出现这个字。

最后，他对艾米说：“艾米，你一定可以拥有甜蜜的爱情。但是，你必须按照我说的去做。”

“不，我不行。”还没等心理医生把话说完，艾米就急于否定。

心理医生却说：“你一定行的，艾米！这样，你先试试按照我说的去做，看看你的生活会有什么变化，然后咱们再聊，好吗？”

“我……”艾米似乎还在犹豫。

“相信你一定可以的，艾米！”心理医生大声地鼓励她。见艾米缓缓地点了点头，他立即接着说：“明天早上，你上街去帮自己买一身漂亮的新衣服。但是，记住，你不要自己去挑，让店员帮你拿主意。无论她最后帮你选择哪一件衣服，你都要毫不犹豫地买下它。然后，你去做个发型。同样，让发型师帮你做，你不要提任何意见。最后，穿上你的新衣服，带着自信的微笑来我家参加一个晚会……”

“噢，不，我会把你的晚会搞砸的！”艾米边说边摇头。

心理医生表示理解：“先不要去想这些，艾米。你要知道，我需要你的帮助。明天的晚会对我来说很重要，有许多生意上的伙伴来参加，但是我现在缺少一个女伴。你要帮我照顾那些客人，如果看见有哪位年轻人一个人孤单地坐着，你就要走过去问好，并且代表我对他表示欢迎。”

“我一定做不到！”

“求你了，艾米！你一定要帮我。”心理医生真诚地恳求道。

艾米再次为难地点了点头。

虽然很不情愿，艾米依然按照心理医生说的那样去买了自己从不会买的衣服，做了一个自己从不敢做的发型。尽管衣服和发型都是她喜欢的，但是她从未尝试过。店员和发型师夸她漂亮的时候，艾米开心地笑了，一种自信油然而生。

一切准备妥当之后，艾米来到了心理医生家。

晚会已经开始，她按照心理医生的吩咐，用心地帮助他去照顾客人，完全把“我不行”抛在了脑后。她笑容可掬地主动和每个人打招呼，询问他们是否需要什么帮助。她几乎成了晚会上最受关注的人。

晚会结束后，好几个帅哥都要求送她回家。

从那之后，艾米再也不觉得自己是“丑小鸭”，再也不认为自己不可能拥有甜蜜的爱情。并且，她很快就坠入了爱河。

当艾米打败心中那些叫“我不行”“不可能”的魔鬼，带着自信去面对生活时，生活立即换了一副喜悦甜蜜的面孔。

其实，生活没有变，艾米身边的那些人也没有变，改变的是艾米的心态。当她用信心去面对生活，她看到的就是美丽和幸福。

把最好的一面展现给众人

自信源于优势，优势增加自信。每个人都有自己的优点和缺点，只有真正自信的人才能够确定自己的优点，并且最大限度地开发自己的潜力，把自己的优势发挥到极致，从而获得成功。

每片树叶都会有最精彩的一面，每朵花都会有最灿烂的一刻，每个人也都会有最好的一面。一个人只有懂得找到自己最好的一面，并把它展现出来，才能找到属于自己的位置，才能拥有足够的自信。

一位农夫有两只水桶，他每天都要挑着这两只水桶到河里挑水吃。可是，其中一只桶裂了一条缝。他每次从河里挑水回到家，那个有裂缝的桶都只剩下半桶水。

一年来，农夫每天都坚持用这个有裂缝的桶挑水吃，他似乎从来都不介意。可是，有裂缝的桶对自己的缺陷非常羞愧。

终于有一天，有裂缝的桶忍不住问农夫："已经一年了，你每天都要因为我的残缺而漏掉半桶水，你为什么不再换一只好桶呢？”

农夫听后哈哈大笑起来，解释道：“我为什么要换一只桶呢？自从我发现你有裂缝之后，就在回来的路边撒上了菜种，每天我挑水回来的时候，你都会帮我浇菜。正因为你的裂缝，这一年来，我的饭桌上才多出了那么多新鲜的蔬菜啊！”

即使是一只有裂缝的水桶也会有它最好的一面。做最好的自己，就要善于发现自己的才能和优势，扬长避短，找准自己的位置，这样才能发挥最大的潜力，成就自我的价值。

一家大公司要招聘一个行政经理，经过层层筛选，最后有3个人脱颖而出，进入最后的环节。

这3个人不但学历上有差别，连身高也有很大差别。第一个人不但是名牌大学的高材生，而且身材高大，长相出众，很显然，他对这个职位势在必得；第二个人虽然学校牌子不响亮，但有丰富的实际工作经验，身材中等，也显得落落大方，他对自己很有信心；而第三个人不但学历上不占优势，而且身材矮小，在气势上就先输了一大截。

等到终试的时候，三个人都准时到达事先通知的地点。令他们没想到的是，终试的地点居然是一个果园。公司的人事部经理指着果园中的3棵桃树说：“这3棵桃树一起栽下，树龄是一样的，大小、高矮也都差不多。我想每棵树上结的桃子应该也差不了多少。今天我们就考摘桃子，3小时之内，谁摘的桃子最多，谁就是最后的获胜者。至于怎么摘，就看你们自己的了。”

听到这里，3个人立即在心里盘算开了。

第一个人想：这真是天助我也。就我这身高，手一伸就够着桃子了，看来我注定是要到这家大公司工作了。想到这里，他拿过一个装桃子的篮子，吹着口哨开始摘起了桃子。

第二个人心想：这道题根本就是为我设置的嘛！那个矮个儿，恐怕连最低处的桃子也够不到。而那个高个儿虽然个子高，但身手不灵活，也就只能摘到他身高范围内的桃子，我却可以爬树摘到更高处的桃子。今天肯定是我摘的桃子最多了！他偷笑着也拿起篮子去摘桃子了。

第三个人可犯难了：别说我连低处的桃子都够不着，我就算是爬树也只能够到很少的桃子，高一点的桃子都很难够得着。难道我今天注定要失败了吗？他不由得开始抱怨起这家公司出的题目根本是在刁难自己。

看着两个忙碌的竞争对手，第三个人甚至想到了退出。忽然，他看到果园的工作人员也有高有矮，那些并不比自己高多少的工作人员平常是怎么摘桃子的呢？他想起刚才进果园的时候看到大门旁边看园人的小屋前有一架能够升降、旋转的梯子。

他立即跑到果园大门口和看园人商量借梯子一用，费了好多口舌才说服看园人把梯子借给他。

等他扛着梯子回到桃树下的时候，其他两个人都已经快摘满一篮子桃子了。他没有耽搁，立即开始摘桃子。

1小时过去了，第一个人和第二个人都摘了不少桃子，而第三个人因为还要把梯子搬来搬去，速度要慢好多。

两小时过去了，第一个人已经把他能够到的桃子都摘完了，面对比自己高很多的桃子只能叹气。

他试着爬到树上去摘，可是因为他个子太高了，根本爬不上去。他也想去借架梯子来，结果出去转了好久也没有找到一架闲着的梯子。

而第二个人因为之前踩断了一根较细的树枝，差点从树上摔下来，他只敢站在比较粗的树干上摘一些够得着的桃子。他看到第一个人没有借到梯子，也只好放弃了去借梯子的想法。

结果，虽然还有一小时比赛才结束，这两个人却只能站在自己的树下，看着树上的桃子和另一棵树上的对手而感叹机会的流逝。

最后的结果自然是第三个人获得了那个职位。

在这场较量中，看似占据优势的两个人最后都失败了，而表面看起来不占优势的人反而获得了胜利。

在这个世界上，从来都不存在绝对的优势和劣势，只要有充足的信心，找到最适合自己的方法，根据自己的才华找到施展的舞台，每个人都能够取得成功。

不失信心，就会有希望

希望是心中涌动的激情，是风雨不摧的自信，心存希望就会拥有未来。面对眼前的困境，请相信：这个世界根本没有真正的失败，只有暂时的不成功。只要你始终不放弃希望，就一定能够跨越失败，走向成功。

有一个独自旅行的人在沙漠中迷失了方向。连续几天寻找出路，他早已吃掉了所有的干粮，喝光了水壶里的水。他又渴又饿，浑身无力，举步维艰。他觉得自己随时都有可能倒在如火的骄阳之下，倒在无边的沙漠中死去。

就在他绝望地想放弃继续寻找出路的时候，突然在自己背包的最底层摸到一个苹果。他惊喜异常：太好了，我还有一个苹果，我不会死在这荒漠里了！

他把那个苹果紧紧地握在手里，继续在沙漠里行走，寻找出路。很多次，看着手中的苹果，又饥又渴的他都对自己说："咬一口吧！咬一口就不会这么饿这么渴了。"但最终他还是放弃了这个想法，决定把苹果留到承受不住的时候再吃。于是，顶着炎炎烈日，他继续在沙漠中艰难地跋涉。每每觉得自己坚持不下去，想要放弃的时候，他就会看看手中的苹果，相信自己一定能够走出沙漠，不会死在这里。

就这样，他一直坚持了3天，终于走出了沙漠。他手中的苹果，也因为天气炎热失去了大部分水分，变得干瘪，可他还是像宝贝一样把它紧紧地握在手里，就像一路走来那样。就因为这个苹果使他心中对生命充满了希望，正是这样一个苹果支撑着他走到最后，赢得了人生的机会。

成功的人不是没有遇到过挫折，也不是没有被挫折击倒过，而是即使被挫折击倒也不放弃希望，满怀信心勇敢地站起来，继续在成功之路上摸索。

很久以前，有一位以砍柴为生的樵夫，他的房屋非常破旧，他希望能够为自己建一座新房子。他每天都要砍下许多树木，一部分拿去卖掉，换些生活用品，还有一部分就积攒起来留着建房。终于有一天，木材积攒够了，他请来亲朋好友一起帮忙建了一座新房子。

新房子建好了，又结实又漂亮。邻居们都来向樵夫祝贺，他非常高兴，于是摆了宴席，邀请大家一起分享他的喜悦。大家都很开心，入夜之后，有人点起了篝火，人们围着篝火唱歌、跳舞，热闹非凡。

欢乐的气氛下，突然不知是谁喝多了，不小心使火把点着了房子旁边堆着的木柴。火乘着风势很快就烧着了新建好的房子。尽管大家纷纷加入救火的队伍，但最终也没有能够挡住火势，眼睁睁地看着大火吞噬了整座房子。

这不得不说是人生中的一场悲剧，所有人都同情地看着那位可怜的樵夫，担心他会承受不住这巨大的打击。可是，大家在樵夫的脸上却看不出任何异样。等到大火灭了之后，樵夫拿着一根棍子，开始在一片废墟中不停地翻找。大家都很好奇他到底在找什么。最后，在他兴奋的声音中，大家找到了答案："哈哈！只要斧子还在就好！"

看着那个手柄已经烧掉，只剩下一个斧头的斧子，大家疑惑地问："你的新房子都没有了，要这样一把破斧子还有什么用？"樵夫满怀希望地说："只要有这把斧子，我就可以再建造一座更加坚固、漂亮的房子！"

很多时候，我们无法改变自己的命运，阻挡挫折和灾难的到来。但是，任何时候，我们都可以选择对未来抱有最大的希望，用自信、积极的态度去面对人生。

缺点，坦然面对就好

坦然接受自己的缺陷，珍惜自己，关爱自己，不因自己的弱小而自卑，不因自己的缺陷而自怜，也不因自己的出众而自负。客观地、宽容地对待自己，自信地面对生命中的挑战和困难，开启成功人生的大门。

人生不如意事十之八九，不可能时时如意，事事完美。每一个人都不是完美无缺的，或多或少都会有缺点。追求完美固然是一种积极的人生态度，然而如果不切实际地追求完美，就会得不偿失，甚至加重不完美感。与其深陷在错误追求的痛苦中，不如坦然接受自我的缺陷，欣赏并享受这种缺陷，这才是正确的人生态度。

曾经有一位个子很矮的美国青年，他总是无法接受自己的身高，无论走到哪里都觉得矮人一等，每天都生活在消极、悲观的情绪中无法自拔。他的生活也因此一塌糊涂。

一天，他带着两瓶酒找最好的朋友喝酒解闷。酒过三巡，他开始不停地抱怨上帝为什么不让他长得再高一点。尽管好友再三安慰他，说出许多他的优点，他都一一否定。

最后，好友不再试图安慰他，而是给他讲了一个故事："前两天我在杂志上看到一篇文章，上面说拿破仑曾经有一个私生子，很有可能流落到了美国。文章里面还说，拿破仑的私生子个子很矮，而且英语说得很不标准，还带着法国口音。"说到这里，好友故意停了下来。

朋友的故事让他打起了精神，他希望朋友能接着讲下去。朋友笑着继续讲道："我觉得你很有可能是拿破仑的后代。"文章里面对拿破仑私生子的描述，虽然和青年的形象比较相符，但是对于朋友的话，他还是半信半疑。没想到好友居然真的找出了那篇文章。他捧着杂志把那篇文章的每一个字都研究了一遍之后，认定自己就是拿破仑的后代。他开始为自己的身高和蹩脚的英语而自豪。

几年之后，他真的成了一家跨国企业的总裁，而他也已经知道自己并不是拿破仑的后代。再次和那位朋友喝酒的时候，他说："对于我来说，是不是拿破仑的后代已经不重要了，重要的是我懂得了一个人必须敢于接受自己。一个不能接受自己缺陷的人是不可能有足够的自信去面对生活中的困难，最后取得成功的。"

接受自己，就是以一种宽容、客观的态度对待自己，不苛责自己，不以怀疑、否定的消极态度看待自己。正视自己的缺陷和失误，欣赏自己的优点和成功，接纳一个完整的自己。

在灿烂的阳光中，百花争相斗艳。玫瑰抱怨自己不够清丽，荷花抱怨自己不够华丽，牡丹抱怨自己不够清纯，丁香抱怨自己不够艳丽……最后，它们都在这种抱怨中闷闷不乐地凋谢了。

一个男孩爱上了一个女孩，他希望能够摘下最美丽的鲜花送给女孩。可是，当他走进百花深处，才发现那些美丽的花朵都已枯萎，奄奄一息，他失望极了。

就在他准备离开的时候，突然发现角落里有一大片狗尾巴花正安静地盛开着。它们虽然不够清丽，不够华丽，不够清纯，不够艳丽，但是，它们依然生机勃勃地开放着，在风中自在地舞蹈。在即将凋谢的百花中它们显得异常突出。

男孩惊讶地走近狗尾巴花，伸出手去抚摸那安静而不张扬的色彩。男孩问道："狗尾巴花，其他花都已经凋谢了，你为什么还能开得这么灿烂啊？"

"因为我是狗尾巴花，长得不够高，不需要太多的养分；我的花朵不够大，也就不需要太多的阳光。所以当它们凋谢的时候，我还可以继续盛开。"狗尾巴花似乎对于自己不够高、花朵不够大一点都不介意。

男孩更加好奇了："那些比你漂亮很多的花都会自卑，为什么你这样自信呢？"

"它们比我漂亮就代表它们一定比我好吗？玫瑰自然有它的艳丽，牡丹自然有它的华丽，荷花自然有它的清丽，但我也自然有我的美丽。我生在这里，长在这里，开出的花朵就是如

此，我的存在是大自然的一部分，为什么要不自信呢？”

即使是一朵不起眼的狗尾巴花也有属于它的生命和色彩，这是独一无二的，只有接受自己，好好爱自己，才能开出更加灿烂美丽的花朵。

金无足赤，人无完人。我们不能因为完美的无法实现或者自我的缺陷而厌弃和憎恶自己；我们要自爱，适当程度的自爱是很健康的表现，是一种清醒的、实际的自我接受。一个人只有接受真实的自己，才能清楚地了解自己、超越自己，才能使自己一步步走向完美。

相信自己终有耀眼的瞬间

一个人首先必须相信自己能够实现理想，否则任何理想都只能是空想。让心中的目标成为一种信念，无论遇到怎样的困难和挫折都始终坚信自己能够成功。只有这样才能发现身边的机会，才能不断地向目标前进。

一个人要有笃定的信念，坚定地朝着目标前进，要相信即使是一粒沙也有成为珍珠的可能。

很久以前，有一颗沙粒长得既不圆润，又没有光泽，默默无闻地被淹没在海边的一堆沙粒中。

每天都会有很多人来海边捡一些漂亮的石头，每次这颗沙粒都希望自己能够被挑中去外面看看大千世界。可是，它每次都失望。它实在太小、太普通了，根本不能引起任何人的注意。

于是，它开始对着月亮祈祷，希望有一天自己能够变成一颗珍珠，圆润美丽、光彩照人。听到它的祈祷，旁边的沙粒都嘲笑它痴人说梦。但是，这丝毫没有使它打消成为珍珠的念头。

终于有一天，有一个人来到海边，他要找到一颗最漂亮的沙粒，培养出世界上最大最美丽的珍珠。可是，当他找到那些他觉得很有潜质的沙粒时，都遭到了拒绝，它们的理由是：自己不是世界上最漂亮的沙粒，不可能成为最美丽的珍珠。他非常失望。

忽然，有一颗不起眼的沙粒滚到了他的脚边，对他说它希望成为世界上最美丽的珍珠。他看着那颗沙粒，除了个头比较大之外，似乎没有任何可取之处。于是，他有些遗憾地告诉那颗沙粒："你不可能成为最漂亮的珍珠。"

"不，我一定可以成为最漂亮的珍珠。"沙粒坚定地说。

那个人看看周围似乎也没有别的更合适的沙粒了，与其空手而归，不如带这个沙粒回去试试。

一路上，沙粒看着越来越宽广的世界，想到自己将要成为世界上最美丽的珍珠就感到非常高兴。它勇敢地、满心欢喜地钻到蚌壳里，每天在黑暗、寒冷、孤独中忍受着蚌不断分泌出来的珍珠质的洗礼。

痛苦难耐的时候，它就对自己说"我将会成为一颗珍珠"，以此来激励自己。

一晃几年过去了，当这个沙粒再次见到阳光的时候，它已经成为一颗圆润美丽的珍珠。它的主人戴着它每天行走在人群中，享受着别人的赞美。

一个人无论多么平凡，无论处在什么环境中，只要怀有远大的理想，并且坚信自己一定可以实现，就一定能够得到好的结果。没有人会注意到一个自卑、自怜的小人物，却会注意到一个自信满满的小人物。自信会给一个人带来强大的吸引力，甚至会吸引来自己心中的理想。

有一个叫约翰·戈达德的美国人曾经因为“127个愿望”而闻名全世界。这“127个愿望”在他15岁的时候就列下了。当时，他还只是美国西部一个非常贫困的山村里的农民家的孩子，但是却希望能够成为一名出色的探险家。

有一天，他看着书本上的世界地图，心中突然涌起一股激情。他马上找来一张纸，写下了“一生的志愿”，也就是“127个愿望”。这些愿望是：登上珠穆朗玛峰；到尼罗河、亚马孙河和刚果河探险；走一遍马可波罗和亚历山大曾经走过的道路；主演一部像《人猿泰山》那样精彩的电影；从头到尾读一遍《圣经》，阅读莎士比亚、柏拉图、亚里士多德、狄更斯、梭罗、爱伦坡、卢梭、培根、海明威、马克·吐温、巴勒斯、康拉德、托尔斯泰、郎费罗、济慈、惠蒂埃以及爱默生的所有作品；熟悉巴赫、贝多芬、德布西、易白尔、门德尔松、拉罗、林姆斯基·科萨可夫、莱斯比基、李斯特、拉赫玛尼诺夫、史特拉芬斯基、托克、柴可夫斯基、威尔第的所有作品；拥有一匹马，一只黑猩猩，一头猎豹、豹猫以及丛林狼；抓住一条10磅重的龙虾以及一个10英寸的鲍鱼……

当人们看到约翰列下的这些愿望时，都觉得这对一个贫苦孩子而言几乎是不可能实现的事情，认为这只是一个孩子写下的不切实际的理想罢了，很快他就会忘记这些的。但是，约翰却按照这张清单一项一项地去做了。

16岁的时候，约翰跟随父亲到佐治亚州的一个大沼泽地探险，由此开始实现他的一个又一个愿望。

等到他20岁的时候，他已经到加勒比海和红海这样的深海中潜水并作为一名空军飞行员驾驶飞机，飞往欧洲多达33次。

很快，他在一次探险中发现了一座玛雅古墓，还完成了尼罗河探险……

到59岁的时候，他已经实现了其中的106个愿望。在谈到如何把这些不可能实现的愿望变成现实的时候，他说自己只是先让心到达那里，然后心中就会充满了自信，那是一股神奇的力量，能够把他带到任何想去的地方。

他认为自己最成功的地方就是坚定自己的信念，而不是像大多数人那样在长大的过程中慢慢改变自己的理想。他从来没有在理想面前退缩，而是不断地前进，这样才使他离那些伟大的理想越来越近。

约翰·戈达德的愿望清单虽然看起来很难，但是因为他坚信自己能够实现，并且不断为此努力，因此获得了成功。

人光有理想是远远不够的，还需要有为理想全力以赴的决心和信念，这才是最重要的。

发现有无限可能的自己

有时候，我们无法改变生活，但是我们可以改变自己。很多人之所以还没有被伯乐发现，没有得到重用，是因为他们的才华还不突出，还不足以引起别人的注意。不妨做自己的伯乐，发现自己的与众不同，相信自己并坚持下去。

“世有伯乐，然后有千里马。千里马常有，而伯乐不常有。”并不是每一个人都那么幸运能够遇到自己的伯乐。不要总是抱怨自己怀才不遇，真正有才华的人要懂得做自己的伯乐，把自己的才华展现出来。著名主持人柴静就是自己最好的伯乐。

还在湖南长沙读书的时候，柴静经常听电台的一个夜话节目。每次听的时候，她都想象着自己正坐在播音室里主持这个节目。

一次，在节目中她听到了电台要招聘主持人的消息，便立即给主持人写了一封信。在信中她表达了自己对主持人的敬佩，并强调自己也想成为一个他那样的主持人。结果，她竟然很快接到了主持人的电话，并通知她去参加电台的面试。

参加面试的有50来人，面试官是电台的一位领导。他看着这50多个人，问了一句："你们都学过播音吗？"那些仅仅拥有梦想却从未真正学过播音的人在这个问题面前退缩了。大家都以为专业学过播音是这次招聘的必要条件，所以都放弃了。只有柴静认为电台领导问这个问题是想了解他们对播音的熟悉情况。她想，只要自己能够证明自己的播音能力就一定有机会应聘成功。

回到学校之后，柴静立即去学校的广播站录了一个叫"别样的声音"的节目。在节目中，她介绍了一本自己喜欢的书，并且根据书中内容的意境配上了合适的音乐。节目录好之后，她再次来到电台，把带子交给那个通知自己去面试的主持人。

主持人接过带子听了一段之后，就把录音机关掉了。柴静不知道自己的命运是否会有改变，只能静静地等待着。短暂的安静之后，她听到主持人说："你先试着客串主持我的节目吧。"就这样，她成了电台的一名客串主持人。

3年之后，她已经是那个电台一名正式的主持人了。尽管自己的努力得到了回报，柴静还是认为要想在主持的道路上走得更远，她需要充电，遂决定放弃眼前的一切，去北京读书，以22岁的年纪和自信去迎接未来。一年后，凭借自信和出色的自我推介，23岁的她加入了中央电视台的《东方时空》栏目，从此开启了她的电视节目主持人生涯，也成就了今天的柴静。

一个优秀的伯乐不但要发现千里马，更要懂得如何展现千里马的能力。柴静就是这样一个出色的伯乐，她不但相信自己具备播音主持的能力，更懂得用恰当的方式向别人展现自己的能力。

做自己的伯乐并非恃才傲物，而是在积极等待机会的降临。很多时候，那些感叹自己怀才不遇的人往往不是缺少伯乐，而是在机会面前没有积极主动的心态，从而错失良机。真正了解自己的人懂得沉淀自己，在适当的时候让自己散发出金子般的光芒。

一位年轻人以出色的成绩从大学毕业，他对自己的能力充满了自信。谁知他工作之后处处都不顺心，连续换了好几家公司都无法得到重视，薪水也不见涨。

一天晚饭后，父亲要求他陪自己散步。一路走来，年轻人的心情越发沉重。他看着别人都衣着光鲜地开着好车，再想想自己现在还一无所有就非常郁闷。

他不由得感叹："为什么就没有一个伯乐发现我这匹千里马呢？"

听到年轻人的话，父亲捡起路边沙堆中的一粒沙子，然后问年轻人："你觉得这粒沙子如何？"

"色泽艳丽，圆润光滑，是好沙子。"年轻人如实回答道。

父亲点点头，然后一松手，这粒沙子就掉入了沙堆。父亲对年轻人说：“你去把刚才那粒沙子捡回来，我就告诉你为什么没有伯乐发现你这匹千里马。”

年轻人听后兴致勃勃地去找刚才那粒沙子。但是，他找了好久也没有找到。他不解地问父亲：“刚才看那粒沙子的时候觉得非常出色，非常特别。现在怎么觉得这堆沙子都是一模一样的？”

父亲并没有说话，而是从身上拿出一粒珍珠，把它扔进了沙堆中。然后他让年轻人到沙堆中把他丢掉的珍珠找回来。这次，年轻人很容易就找到了那粒珍珠。

父亲对年轻人说：“一粒沙子混在沙子里面肯定不容易找到。珍珠就不一样了，它在一堆沙子里显得非常突出，一眼就能看到。”

父亲笑着点点头，说：“所以，要想真正成为被人赏识的千里马，首先必须做自己的伯乐，让自己变得光彩夺目。”

从那之后，年轻人开始不断地学习提升自己，并且发挥自身优势，努力把工作做到最好。因为业绩突出，他很快就得到了领导的赏识，得到了升职加薪。

在没有伯乐发现自己的时候，你就是自己的伯乐。发现自己的优势，肯定自我存在的价值，挖掘自己的潜力，相信自己并坚持下去，你一定会拥抱幸福和成功。

在我的字典里，没有“退缩”

只有相信自己是雄鹰，才有翱翔天际的机会。人不论出身如何、长相如何、财富如何、地位如何，只要有足够的勇气，相信自己的力量并坚持不懈地付出努力，那么迟早能够实现自己的理想。

人生充满了风霜雨雪、坎坷磨难，在追梦的路上时时会遇到别人的否定，内心的怯懦也会不经意地侵蚀着勇气，只有相信自己，才能战胜这一切，顶住一路的风雨，创造一片属于自己的蓝天。

亚伯拉罕·林肯是一位伟大的政治家、思想家，是美国第16任总统。英国《泰晤士报》曾对43位美国总统以不同的标准分别进行了排名。最后，林肯在最伟大的总统排名中名列第一。能够取得这样的荣誉，就是因为林肯从竞选总统到做总统都充满了自信。

林肯出生在美国肯塔基州哈丁县一个贫穷的农民家庭，

他的父亲为了一家人的生计曾经做过鞋匠、伐木工人和木匠等。林肯曾形容自己的童年是“一部贫穷的简明编年史”。但就是在如此艰难的成长环境中，林肯也一直相信只要自己不放弃对理想的追求就一定能够取得成功。

他经常一边打工一边学习，通过自学林肯成了一个博学而充满智慧的人。在一次政治集会上，他满怀信心地发表了自己的第一次政治演讲。他抨击了黑奴制，同时提出了一些有利于公众事业的建议，得到了人们的认可。从此以后，林肯在公众中就有了一定的影响力，并被选为州议员。

积累了一定的州议员的经验之后，林肯当选为美国众议员。从此，他用自信为自己的人生披荆斩棘，坚持自己废除奴隶制度的主张，在51岁的时候成为共和党的总统候选人。

当时，和林肯竞争总统位置的人名叫史蒂芬·道格拉斯。为了展现自己的才华，证明自己有足够的才能胜任总统的职位，两位总统候选人在曼哈顿的库珀协会进行了一场针锋相对的政治辩论。

辩论开始之后，两个人互不相让，进行了3个多小时的激烈辩论，而且表现得都非常精彩。一时之间，两个人的才华和能力似乎难分伯仲。大家都很为难，不知道该把选票投给谁。

这时，一位记者站起来向两位总统候选人提出了一个问题：“如果让你们自己投票的话，你们会把手中的选票投给谁呢？”

听到这个问题，大家都安静了下来，都想知道两个总统候选人会怎么回答。过了一会儿，史蒂芬·道格拉斯礼貌地站了起来，含蓄地表示自己此时无法回答这个问题，也拒绝回答。

林肯听了他的回答之后，自信地向前跨了一步，带着微笑大声地回答道："我会把这一票投给自己，投给亚伯拉罕·林肯！因为我知道，没有人能比我做得更好！"

在他充满自信的声音之后，响起了热烈的掌声。大家都为他的自信和才华而喝彩。最后，林肯用自信赢得了这场竞选，当选为美国第16任总统。

林肯的回答非常巧妙，他不但用"没有人能比我做得更好"说明了自己竞选总统是为了民众利益，更用这句话展现了自己有绝对的信心实现自己的政治承诺。他肯定了自己的能力，更肯定了自己的人品，所以最终赢得了选民的心。人只有先相信自己，才能让别人信任。

2008年北京奥运会开幕式上，林妙可的一曲《歌唱祖国》唱出了中国人的爱国之情，唱响了世界各地的中国音调。然而，这首承载着中国几代人记忆的老歌的诞生之路并不平坦。可以说，《歌唱祖国》的诞生源于它的词曲作者王莘的才华，而它的流行则源于王莘的自信。

1950年国庆前夕，王莘在天安门广场上触景生情，在废烟盒的背面写下了《歌唱祖国》。王莘心中充满了喜爱和自豪，他迫不及待地把原稿寄给了一家文艺报社，期待能够刊登。但是，他的希望破灭了。那家文艺报社的编辑觉得这首歌不太令人满意，它的旋律不够民族化，所以退了稿。

接到退稿信之后，王莘并没有灰心。他反复吟唱着《歌唱祖国》，始终觉得自己的这首作品非常好。于是，他又把词曲寄给了另一家报社的文艺副刊。结果遭遇了同样的命运。拿着两家报社的退稿信，王莘心中有些失落：难道真的是自己的作品不够好吗？他对照两封退稿信中提到的问题反复研究自己的作品，可是无论怎么研究他都觉得这首歌非常好，不应该就这样被埋没。

最后，他用蜡版把这首歌印了几十份，分别寄给了自己的一些朋友，让他们从歌唱者的角度给自己提一些意见。他甚至还去工厂、学校教唱这首歌，受到了人们的广泛欢迎。

不久之后，在天津音乐工作团担任合唱队队长的王巍给王莘打来电话，表示他个人非常喜欢《歌唱祖国》这首歌，并且决定组织一些年轻演员排练《歌唱祖国》的大合唱。在王巍的推动下，《歌唱祖国》很快在天津的大街小巷唱响。

随着这首歌在群众中流行开来，它的影响力也在不断地扩大。在《歌唱祖国》诞生一年之后，《人民文学》《人民日报》先后发表了它的词曲。很快，《歌唱祖国》就在全国流行起来。

如果当初王莘因为别人的否定而选择放弃，恐怕《歌唱祖国》就不可能传遍祖国的大江南北，更不可能在北京奥运会的开幕式上唱出全国人民的心声。

做一个有气质的人

女人的气质是美，男人的气质是魅力。气质美，不在容貌，即使不漂亮，也能显出高雅高贵来。气质美，美在自信，而且能让人感到内心的真诚和善良。不断地丰富自己，做一个有气质的人吧！

有人给人感觉亲切大方，有人给人感觉优雅随和，这都是一个人气质的体现。气质是人的内在修养，可以通过学习和实践一步步获得。气质不是肤浅的东西，想要做一个有气质的人，就一定要不断提高自己的学识、品德，在生活中不断丰富自己。

气质是一个人由内在散发出来的魅力，妆容也许能改变一个人的外貌，却无法掩饰其空洞的内心。好的环境、好的心态、积极的学习态度和进取精神，都能提升一个人的气质。

从前，语文老师讲过一个有趣的故事。老师是东北人，他说在东北人的语言里，骂一个人笨，通常用“狗熊”，如你怎

么笨得像狗熊一样，这是有由来的。

东北每到收获的季节，就会有许多狗熊从林子里跑出来到玉米田里偷玉米。这些狗熊有个特点，进入玉米田里以后，掰下第一个玉米会放在左边的腋下，然后再伸出两只手掌去掰第二个玉米，再夹在左边腋下。如此反复……最后，你猜狗熊偷走了几个玉米？

答案是：一个。因为每次它伸手去掰新玉米时，旧的玉米都会掉落到地上……如此反复。果然是够笨，只是狗熊自己并不知道而已。

现在，我也成了一名老师，经常会想到这个关于狗熊的故事。虽然幽默，但是却笑不出来，因为自己的很多同学，都在扮演着“狗熊”的角色，明明受过很多年的教育，最后却把学到的知识统统忘记了。我们一般都有这样的经历，从出生到参加工作，差不多要读20年的书。在走向社会以后，把过去20年学的东西逐渐忘光了。

做过学生的都有这样的经历，每次考试一结束，就恨不得把书本给扔了，更别提里面的知识了，早已经抛在脑后。知识很多时候都是只用在考试中，其他的时候再无他用。年复一年，我们都成了东北的狗熊，以为自己是在不断掰新的玉米，其实到最后也没剩下什么。

无论是人还是狗熊，都需要有气质。若做狗熊，就要做一只有气质的狗熊；若做人，就要做一个有气质的人。终身学习对每个人来说都很重要。

一所大学的老师曾经在新生训练中对学生这样说：你们在学校学到的知识，毕业后，80%以上都会忘记。而教育的目的在于当你们把在学校学过的东西全部都忘记以后，你还剩下了什么。换句话说，如果我们每个人都是那只狗熊，走出玉米地，我们拿在手里的有几个玉米？

我会和同学这样说，也许你并没有看到真正的玉米，但是你绝对会形成不一样的气质。因为受的教育不同，气质便不同，受过的教育越多，气质便越好。

从前，有一位年轻人几经周折终于找到了一份砍柴的工作。

第一天，老板递给他一把崭新的斧子。他来到山上之后挥舞着斧子很快就砍下了不少柴。他背着一天砍的柴回去交差，受到了老板的赞赏，并说要给他涨工钱。他决心第二天一定要砍更多的柴，这样老板就会付给他更多的钱。

第二天，他比第一天提前了半小时出发。到了山上之后，他片刻不敢耽搁，立刻开始砍柴。他本以为一定会比第一天砍得多，结果一天下来，勉强和第一天差不多。他回去之后，老板虽然也夸奖了他，但并没有再提给他涨工钱的事。

第三天，他又提前了半小时出发。但是，这天砍柴的时候他明显觉得非常吃力，一棵树常常要好久才能砍断。他以为是自己太累了，就休息了一会儿。谁知休息之后，情况也不见好转，反而因为休息耽误了时间，最后砍的柴比前两天明显少了一些。

第四天的情况更糟糕，他不但累得直不起腰，砍的柴更少。砍完柴回去之后，他向老板抱怨，为什么自己付出更多的努力，反而砍的柴更少了呢?

老板问他：“你这几天磨过斧子吗?”

他恍然大悟，这几天自己只顾着砍柴，居然忘记了还要磨斧子。斧子钝了，再怎么用力也是不容易把树砍断的啊!

人如果忘记了学习，就像忘记了磨斧子。斧子不磨，就失去了锋利，也就失去了光彩和价值。我们每一个人都应该努力学习，不断地充实自己。虽然也会遗忘自己学到的东西，但是这并不是重点。重点在于，当你走出了这片玉米地，你获得了多少学习的能力，算得上是一只有气质的“狗熊”。

未来的你，
会感谢现在勇敢的自己

封面设计：桃　子
版式设计：刘晓东
文字编辑：薛金博
美术编辑：周邦雄
插图绘制：多多卡通